写给设计师的书

TO DESIGNER

电商美工

设计手册

李 芳 覃海宁 编著

清华大学出版社

北 京

本书特色如下。

◎ 轻鉴赏，重实践。鉴赏类书只能看，看完后自己还是设计不好，本书则不同，增加了多个色彩点评、配色方案模块，让读者边看、边学、边思考。

◎ 章节合理，易吸收。第 1~2 章主要讲解电商美工设计的原理、元素，第 3~6 章介绍电商美工基础色、版式设计、行业分类、视觉印象等，第 7 章以轻松的方式介绍 15 个设计秘籍。

◎ 设计师编写，写给设计师看。针对性强，而且知道读者的需求。

◎ 模块超丰富。设计理念、色彩点评、设计技巧、配色方案、佳作赏析在本书都能找到，一次性满足读者的求知欲。

◎ 本书是系列图书中的一本。读者不仅能系统学习电商美工设计，而且有更多的设计专业书籍供读者选择。

本书通过对知识的归纳总结、趣味的模块讲解，希望能够打开读者的思路，避免一味地照搬书本内容，推动读者必须自行多做尝试、多理解，增强动脑、动手的能力。希望通过本书，激发读者的学习兴趣，开启设计的大门，帮助你迈出第一步，圆你一个设计师的梦！

本书由李芳和广西经贸职业技术学院覃海宁编著，参与编写的人员还有董辅川、王萍、孙晓军、杨宗香。

由于时间仓促，加之编者水平有限，书中难免存在疏漏和不妥之处，敬请广大读者批评和指正。

编　者

目录

第4章
CHAPTER4
P.66
电商美工设计中的
版式

第5章 CHAPTER5
P 97
电商美工设计的行业分类

第6章 CHAPTER6

p.134

电商美工设计的视觉印象

第7章 CHAPTER7

p.153

电商美工设计的秘籍

第1章 电商美工设计的原理

随着网购的兴起，电商美工设计也变得尤为重要。它将图像、文字、图形等元素进行有机结合，把信息传递给广大受众，因此，设计的好坏也直接关系到店铺的经营状况以及品牌的宣传与推广。

在进行相关的设计时，要通过诸多元素之间的相互搭配与组合，以画面整体的美观感来向大众传递醒目的视觉信息。这样才会吸引更多的观者驻足观看，从而了解店铺内容，并进行购买。

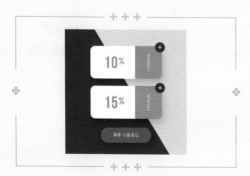

1.1 电商美工设计的概念

　　电商美工是指通过独特的设计手法或巧妙的创作构图，将店铺甚至企业门面、产品等通过图像、文字以及图形等元素来呈现的设计。随着互联网的迅速发展，对电商美工设计也提出了很高的设计要求。

　　电商美工设计不是简单地对基本元素进行组合，而是经过一些具有创意的设计，为单调的画面增添细节甚至趣味性，以此来吸引更多受众的注意力，甚至形成店铺自己独特的品牌优势，使受众一看到相应的产品或者设计，脑海中就会直接呈现出该品牌。

特点：

◆　　以宣传产品为主要目的。

◆　　创意独特富有感染力。

◆　　色彩具有很强的视觉吸引力。

◆　　塑造印象深刻的店铺形象。

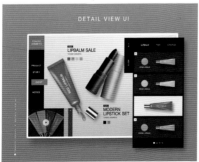

1.2 电商美工设计的点、线、面

点、线、面是构成画面空间的基本元素。其中,点是构成线和面的基础,也是画面的中心。线由不同的点连接而成,具有很强的视觉延伸性,可以很好地引导受众的视线。面则是由无数的线构成,不同的线构成不同的面,相对于点与线来说,面具有更强的视觉感染力。

1.2.1 点

点是一种没有形状的元素,它无处不在,可以根据不同需求随意变形。在电商美工设计中,合适的点,可以形成画面的视觉焦点,从而增强广告的吸引力,以此吸引更多受众注意。

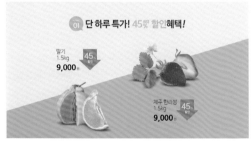

1.2.2 线

　　线是由点的移动、搭配组合而成的轨迹。在电商美工设计中，线是构成图形的基本框架。不同的直线可以给人不同的视觉感受，如直线具有坦率、开朗活泼的特征；而曲线则较为圆润、柔和。不同数量以及方向的线所构成的形态，具有不同的美感。相对于点来说，线具有很强的表现性，它能够控制画面的节奏感。

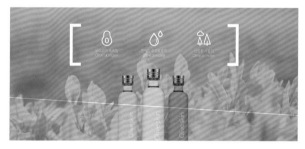

1.2.3 面

　　面是由众多线结合而成。在电商美工设计中，面是构成空间的一部分，而不同的面组成的形态可以使画面呈现出不同的效果。多种面的组合，还可以为画面增添丰富的感染力。同时明暗的面相组合，能够增强画面的层次感。

1.3 电商美工设计的原则

在电商美工设计的过程中，除了要将各种元素进行合理的安排之外，还要遵循一定的原则，如实用性原则、商业性原则、艺术性原则、趣味性原则等。

不同的原则有不同的设计要求，要根据具体的情况与店铺性质进行相关设计。

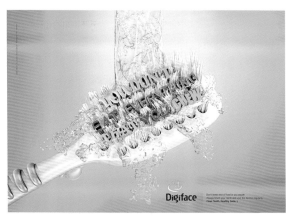

1.3.1 实用性原则

电商美工设计的实用性原则是指在设计中将产品具有的特征与功效进行直观的呈现，让消费者一目了然，进而形成一定的情感共鸣。在设计时要知道消费者想要的是什么，并以此来作为创作的出发点，这样不仅能够直接吸引受众眼球，同时也非常有利于品牌的宣传与推广。

1.3.2 商业性原则

商业性原则强调电商美工设计在具有实用性的基础上兼备商品的经济性，因为电商美工的设计就是为了能够获得经济利益，同时为受众带去美的享受。因此在进行相关的设计时，除了要帮助店铺以及企业获得经济效益外，同时还要能够形成一定的商业价值。

1.3.3 艺术性原则

艺术性原则,是指增强电商美工版面的感染力,激发人们的心理共鸣,从而吸引人们的注意。

在进行相关的设计中,可以运用一些较为艺术的夸张造型或者小的元素,以其艺术性来增强广告的欣赏性。这样在增强版面的视觉感染力、加深消费者印象的同时,也能提高广告的宣传效果。

1.3.4 趣味性原则

随着生活节奏的不断加快,人们的压力也逐渐增大。因此一些具有趣味效果的产品或者广告设计作品就更容易得到受众的青睐。因为这样可以让其暂时逃离"压力山大"的生活,获得片刻休闲的喘息机会。

因此在进行相关的设计时,可以运用趣味性原则,在版面中添加一些具有趣味性的小元素,或者将主体物进行创意的改造,以此吸引更多受众注意。

第2章 电商美工设计的元素

　　网络购物不断发展，目前已经成为人们日常生活中不可或缺的一部分，真正做到了足不出户就可以买到任何需要的东西。因此，电商美工设计就变得十分重要，它不仅可以将产品进行适当的修正，以此来吸引更多受众的注意；同时也可以将信息更加直观、醒目地传播，给受众直观的视觉印象。

　　电商美工设计的元素有色彩、文字、版式、创意、图形、图像等。虽然有不同的设计元素，但是在进行相关的设计时，也要根据需要将不同的元素进行合理搭配。不仅要与企业文化以及企业形象相符合，同时也要能够吸引受众注意，推动品牌宣传。

2.1 色彩

　　不同的色彩可以为受众带去不同的心理感受与视觉体验。比如，红色代表热情、开朗；蓝色代表安全、可靠；绿色代表健康、卫生；黑色代表稳重、理性。除此之外，同一种颜色因为色相、明度以及纯度的不同，其具有的色彩情感也会发生变化。

　　因此，在对电商美工进行相关的设计时，要根据企业文化、经营理念、受众人群、产品特性等特征来选取合适的颜色。只有这样才可以最大限度地吸引受众注意，同时促进品牌的宣传与推广。

特点：

◆　色彩既可活泼、热情，也可安静、文艺。

◆　不同明纯度之间的变化，可增强画面视觉层次感。

◆　冷暖色调搭配，让画面更加理性。

◆　运用对比色增强视觉冲击力。

◆　适当黑色的点缀让画面显得更加干净、沉稳。

2.1.1 活跃积极的色彩元素

现代社会的生活节奏过快，人们也承受着较大的压力，所以具有活跃、积极的色彩特征的视觉传达更容易得到受众的青睐。这样不仅可以让其暂时逃离快节奏的高压生活，同时也可以促进品牌的宣传与推广。

设计理念：这是夏季冷饮店商品的宣传海报设计。采用满版型的构图方式，将产品在画面中间偏下位置呈现，直接表明了企业的经营性质，而且营造了浓浓的夏日氛围。

色彩点评：整体以粉色为主色调，较低的明纯度凸显版面内容。特别是红绿、蓝橙互补色的运用，在鲜明的颜色对比中，给人以热情活跃的视觉感受。

❶在版面边缘位置呈现的插画游泳场景，既丰富了画面的细节效果，同时让夏日氛围更加浓烈一些，给人清凉舒适的视觉体验。

❷版面中主次分明的文字以及其他小元素的运用，将信息进行直接传达。

RGB=255,243,231 CMYK=0,7,10,0

RGB=244,46,1 CMYK=0,95,100,0

RGB=22,180,122 CMYK=75,0,67,0

这是绿色环保宣传主题的手提袋展示设计。将装满物品的手提袋作为展示主图，再加上白色的运用，将宣传主题进行直接传达，而且也是版面的焦点所在。明纯度适中的绿色背景，将这种氛围进一步渲染。特别是版面中飘动的绿色，让画面具有很强的视觉动感。

RGB=140,423,135 CMYK=47,0,61,0

RGB=229,43,22 CMYK=2,97,100,0

这是彩色化妆品的详情页设计。以矩形作为不同内容呈现的载体，具有很强的视觉聚拢感。相互之间的重叠摆放，整体和谐，且具有紧促感。以纯度较高的黄色作为背景主色调，尽显产品带给受众的活跃与热情。在红、蓝、青不同颜色的鲜明对比中，增强画面的色彩质感。

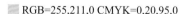

RGB=255,211,0 CMYK=0,20,95,0

RGB=126,31,255 CMYK=76,78,0,0

RGB=0,231,241 CMYK=60,0,16,0

RGB=255,68,225 CMYK=23,73,0,0

2.1.2 色彩元素设计技巧——合理运用色彩影响受众心理

色彩对人们心理情感的影响是非常大的，特别是在现在这个快节奏的社会中。在运用色彩元素对电商美工进行设计时，要根据企业的经营理念，选用合适的色彩，与受众形成心理层面的共鸣。

这是鲜花礼物盒的宣传主页面设计。采用分割型的构图方式，将整个版面分为不均等的两份。在下方呈现的礼物盒，一方面对信息进行传播，另一方面增强了画面的稳定性。

以纯度较低的红蓝作为主色调，在鲜明的颜色对比中，凸显内容。蓝色丝带的添加，让画面和谐、统一，且具有视觉动感，同时凸显出礼盒的精致与时尚。

这是美食电商移动支付 App 的设计。将移动支付的界面效果作为展示主图，配以简单的说明文字，对信息进行直接传达。

以明纯度较高的蓝色作为背景主色调，一方面凸显版面内容；另一方面也强调该移动支付的安全性。而少量黄色的点缀，进一步赢得受众的信赖。

配色方案

双色配色	三色配色	四色配色

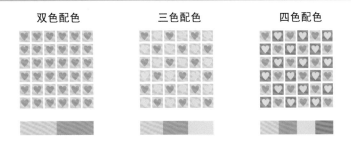

佳作欣赏

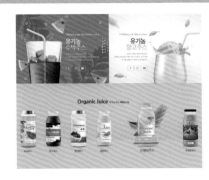

2.2 文字

　　除了色彩之外，在电商美工设计中另外一个重要的组成元素就是文字。文字除了具有进行信息传达的功能之外，在整个画面的布局中也发挥着重要的作用。相同的文字，采用不同的字体，也会给受众带去不同的视觉体验。

　　因此在电商美工设计中，要运用好"文字"这一元素。不仅要将其与图形进行有机结合，合理搭配，同时也要根据企业的具体经营理念，选择合适的字体以及字号。

特点：

- ◆　将个别文字进行变形，增强版面的创意感与趣味性。
- ◆　将文字作为展示主题，进行信息的直接传达。
- ◆　使文字与图形进行有机结合，增强画面的可阅读性。
- ◆　单独文字适当放大吸引受众注意力。
- ◆　将文字与其他元素进行完美结合。

2.2.1 清晰直观的文字元素

在电商美工设计中，文字元素也是十分重要的。虽然图像可以将信息进行更为直观的传播，同时吸引受众注意，但相应的文字说明也是必不可少的。而且清晰、直观的文字元素，不仅可以起到补充说明的作用，也可以丰富画面的细节效果。

设计理念：这是足球运动健身的网页设计。将一个踢足球的人物的腿部图像作为展示主图，直接表明了网页的宣传内容。同时超出画面的部分，具有很强的视觉延展性。

色彩点评：整个版面以紫色和橙色为主，在鲜明的颜色对比中，尽显激情与活跃。而且适当白色的点缀，让画面的节奏感更强。

🔴在人物后方的无衬线文字，对信息进行清楚、直观的传达。同时较大字体的运用，填补了过多留白的空缺感。

🔴左侧排列整齐的文字，让画面整体十分统一和谐。同时也丰富了整体的细节效果。

RGB=254,198,1 CMYK=0,27,96,0
RGB=149,15,224 CMYK=68,84,0,0
RGB=255,255,255 CMYK=0,0,0,0

这是护肤品精华霜的详情页设计。把产品作为整个详情页面的展示主图，将信息直接传达，使受众一目了然。绿色植物的背景，一方面表明产品原料取自天然；另一方面凸显出企业十分注重产品环保、健康的经营理念，极易赢得受众的信赖。在产品右侧竖排呈现的文字，以较大的字体将信息清晰、直观地呈现出来，同时增强了画面的稳定性，而且留空字体的运用，让画面有呼吸顺畅之感。

RGB=70,134,84 CMYK=78,36,85,0
RGB=142,194,122 CMYK=51,4,65,0

这是夏季服饰的宣传网页设计。把主标题文字在画面中间位置呈现，对信息进行清晰、直观的传达。手写字体的运用，凸显出店铺独特的经营理念以及时尚个性。文字周围夏季元素的装饰，让整个版面丰富整齐。超出画面的部分，具有很强的视觉延展性。小文字的添加，则丰富了细节。

RGB=11,89,19 CMYK=94,53,100,28
RGB=211,33,29 CMYK=15,100,100,0

2.2.2　文字元素设计技巧——适当运用立体字

在电商美工设计中，扁平化的文字多给人以单调乏味的视觉感受。因此在进行设计时，可以在画面中适当运用立体字，或者直接将立体文字作为展示主图。这样不仅可以增强画面的创意感，同时也可以让版面具有较强的视觉层次。

　　这是 Anniversary 15 周年纪念日电商网站活动的专题网页设计。采用分割型的构图方式，将整个版面进行分割。在分割部位的礼品，营造了浓浓的节日氛围，同时增强了画面的稳定性。

　　将立体的主标题文字适当弯曲，在顶部呈现，将信息直接传达。画面中小元素的添加，则具有较强的视觉动感。

　　以蓝色作为背景主色调，在鲜明的颜色对比中，凸显节日的热情与活跃。

　　这是 Pentagon 防盗门系列的立体字创意广告设计。采用倾斜型的构图方式，将立体化的文字比作一堵坚实的墙面，以倾斜的方式在画面中呈现，凸显出防盗门的特征，给受众直观的视觉冲击。

　　以明纯度较低的灰色作为背景主色调，简单、朴实的颜色从侧面凸显防盗门的安全性能。蓝色的运用，让这种氛围更加浓烈。

配色方案

双色配色	三色配色	四色配色

佳作欣赏

2.3 版式

　　版式对于一个完整的电商美工设计来说是至关重要的。常见的版式样式有：分割型、对称型、骨骼型、放射型、曲线型、三角形等。因为不同的版式都有相应的适合场景以及自身特征，所以在进行视觉传达设计时，可以根据具体的情况选择合适的版式。

　　版式就像我们的穿衣打扮，就算每一件单品都价值不菲，但如果没有合理的搭配，也凸显不出穿着者的品位与格调。因此，只有将文字与图形进行完美搭配，才能对信息进行最大化传达，同时也会促进品牌的宣传与推广。

特点：

◆　具有较强的灵活性。

◆　适当运用分割可以增强版面的层次感。

◆　运用对称为画面增添几何美感。

◆　将版面适当划分增强整体的视觉张力。

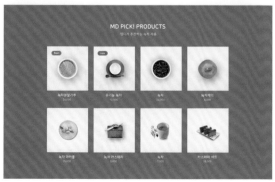

2.3.1 独具个性的版式元素

在电商美工设计中，版式本身就具有很大的设计空间。在设计时可以采用不同的版式，但不管采用何种样式，整体都要呈现出美感与时尚。特别是在现如今飞速发展的社会，独具个性与特征的版式样式，具有很强的视觉吸引力。

设计理念：这是一款手机的详情页设计展示效果图。采用倾斜型的构图方式，将手机倾斜地摆放在画面中间位置，将更多的细节直接呈现在消费者眼前。

色彩点评：整体以蓝色为主色调，蓝色到紫色渐变的背景，凸显出产品的科技性能与不凡的高贵气质，而且与手机背面色调一致，具有很强的视觉统一感。

❶产品下方由中心向外扩散的旋涡，具有很强的视觉动感与吸引力。同时也从侧面体现出产品轻薄的特性，让人印象深刻。

❷画面上方以骨骼型呈现的各种小图标解释，使消费者一目了然，同时具有良好的宣传效果。

RGB=93,124,236 CMYK=74,51,0,0

RGB=108,50,238 CMYK=75,78,0,0

RGB=255,255,255 CMYK=0,0,0,0

这是 The Body Shop 护肤品牌的广告设计。采用对称型的构图方式，将由不同元素构成的圆形图案作为展示主图，让画面具有很强的艺术美感。在圆形图案中间部位的标志，对信息直接进行传达。在底部呈现的产品以及文字，促进了品牌的宣传。不同明纯度绿色的运用，尽显产品的天然与健康。

■ RGB=24,37,30 CMYK=94,78,93,73

RGB=243,223,98 CMYK=7,10,71,0

RGB=82,148,24 CMYK=73,25,100,0

RGB=194,217,23 CMYK=31,0,98,0

这是一款帆布包的详情页设计。采用骨骼型的构图方式，将产品和文字进行整齐有序的排列，给受众直观的视觉印象。在纯色背景下呈现的产品，一方面给受众干净有序的视觉感受；另一方面适当留白的运用，可以让受众直观感受到产品的材质。不同颜色圆点的添加，丰富了画面的色彩感。

RGB=255,199,54 CMYK=0,27,85,0

RGB=207,173,99 CMYK=22,35,69,0

2.3.2 版式元素设计技巧——增强视觉层次感

在电商美工设计中，可以在画面中添加一些小元素，或者运用有具体内容的背景，甚至可以通过色彩不同明纯度之间的对比等方式，来增强画面的视觉层次感。

这是一款指甲油的详情页设计。采用倾斜型的构图方式，将产品以不同的角度进行倾斜摆放，给受众直观的视觉印象。背景以镂空形式呈现的文字，既增强了画面的稳定性，又让画面具有层次感。

详情页以明纯度适当的橙色为主色调，尽显春季的生机、活跃。产品颜色不同，在鲜明的颜色对比中，让春日的鲜活氛围更浓了一些。

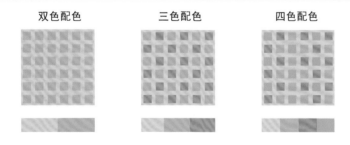

这是夏季服饰折扣的优惠券设计。采用相对对称的构图方式，将部分重叠摆放的优惠券作为展示主图，对信息直接进行传达。同时适当添加阴影，增强了画面的视觉层次感。

以白色作为背景主色调，凸显版面内容。适当添加橙色，让优惠券成为整个版面的视觉焦点，具有良好的宣传效果。适当红、绿色的点缀，在互补色的鲜明对比中，营造了夏日激情的活跃氛围。

配色方案

双色配色	三色配色	四色配色

佳作欣赏

2.4 创意

无论哪一种行业的设计，都需要有别具一格的创意。创意不仅可以提高人们的生活质量，也可以为企业带来丰厚的利润并能加大品牌宣传广力度。

因此在进行相应的电商美工设计时，一定要把创意摆在第一位。只有足够的创意，在现代这个人才济济并且飞速发展的社会中，企业才能有广阔的立足之地，同时相应的品牌效应也会随之而来。

但是在设计时，不能一味为了追求创意，而进行天马行空的创作。这样不仅起不到好的效果，还可能会适得其反。

特点：

◆ 以别具一格的创意吸引受众注意力。

◆ 拥有独特的传达信息能力。

◆ 借助其他小元素提升整体的创意。

◆ 不同场景的相互结合赢得受众信赖。

2.4.1 动感活跃的创意元素

在进行相应的设计时，在版面中添加创意元素，以此来吸引更多受众的注意力。同时也可以增强画面的动感，给受众营造浓浓的活跃氛围。

设计理念： 这是一款甜品的详情页设计展示效果图。采用中心型的构图方式，将产品直接在画面中间位置呈现，让人垂涎欲滴，极大地刺激了消费者的购买欲望。

色彩点评： 整体以红色作为主色调，在不同明纯度的变化中，营造了浓浓的甜腻食欲感。少量白色的点缀，则提升了画面的亮度。

🔴 倾斜摆放的产品，将其顶部的水果直接呈现在消费者眼前。在弧形酸奶与飘动水果的衬托下，整个画面具有很强的动感活跃气氛。

🔴 白色的主标题文字与产品进行交叉摆放，营造了很强的空间立体感。

■ RGB=204,64,73 CMYK=18,91,71,0
■ RGB=235,0,15 CMYK=0,100,100,0
■ RGB=212,77,45 CMYK=14,86,99,0

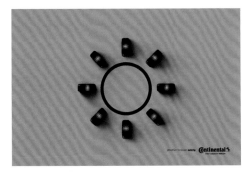

这是 Continental 大陆轮胎创意广告设计。采用中心型的构图范式，将一个圆环与若干个轮胎共同构成一个太阳图案作为展示主图，以极具创意的方式表明轮胎的特性——无论在什么样的天气下，轮胎都可以应付自如，更好地与广告的宣传主题相吻合。以明纯度适中的橙色作为主色调，在与黑色的经典对比中，凸显产品的安全与可靠。

■ RGB=246,143,15 CMYK=0,56,99,0
■ RGB=5,5,5 CMYK=93,88,89,80

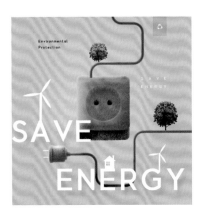

这是绿色环保简约的电商宣传详情页设计。采用曲线形的构图方式，插头和电线均以绿草进行呈现，以直观的方式呼吁大家保护环境，具有很强的创意感。在电线不同部位进行树木的添加，进一步烘托这种氛围。同时较大字体的白色文字，将信息直接进行传达。由其延伸而出的风车，凸显企业十分注重环保以及绿色健康的经营理念。

■ RGB=223,205,121 CMYK=16,18,61,0
■ RGB=218,182,0 CMYK=18,29,100,0
■ RGB=39,128,0 CMYK=84,36,100,2

2.4.2 创意元素设计技巧——增添画面趣味性

在进行设计时，运用适当的创意元素，可以增添画面的趣味性。这样不仅可以吸引更多受众注意，为其带去愉悦与美的享受；同时也非常有利于企业的宣传与推广，特别是对形成品牌效应具有积极的推动作用。

这是土耳其 Barkod 家具定制系列的创意广告设计。采用异影图形的构图方式，将造型独特的人物作为展示主图，在其右下角投影的共同作用下，以极具创意与趣味性的方式表明：企业可以根据受众需求，对家具进行随意的定制。

以浅色作为背景主色调，同时在少量绿色的运用下，表明企业注重环保的经营理念。

这是一款牛肉西餐厅的详情页设计。采用分割型的构图方式，将整个画面从中间一分为二。右侧为牧场的养殖状况，而左侧则为售卖的产品。在二者的有机结合下，一方面表明企业饲养的天然与健康；另一方面给受众直观的视觉印象，赢得其对品牌的信赖。

以草地以及肉质的本色作为背景主色调，在颜色的对比中，对各种信息进行直接传达。

配色方案

双色配色　　　　　　三色配色　　　　　　四色配色

佳作欣赏

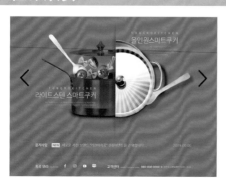

2.5 图形

相对于单纯的文字来说，图形具有更强的吸引力，在进行信息传达的同时还可以为受众带去美的享受。最基本的图形元素是将几何图形作为展示图案。虽然简单，但可以为受众带去意想不到的惊喜。

因此在运用图形元素进行相关的电商美工设计时，一方面可以将店铺的某个物件进行适当的抽象简化；另一方面也可以将若干个基本图形进行拼凑重组，让新图形作为展示主图。以别具一格的方式吸引受众注意，从而促进品牌的宣传与推广。

特点：

◆　既可简单别致也可复杂时尚。

◆　以简单的几何图形作为基本图案。

◆　曲线与弧形相结合，增强画面的活力与激情。

2.5.1 具有情感共鸣的图形元素

除了颜色可以带给受众不同的心理情感之外，图形也可以表达出相应的情感。比如，相对于尖角图形来说，圆角图形更加温和、圆润。所以在运用图形元素进行相关的设计时，要根据店铺的经营理念，选择合适的图形来进行信息以及情感的传达。

设计理念：这是夏季冷饮店的宣传详情页设计。将一个西瓜作为泳池，以极具创意的方式表明了店铺的经营性质。同时在放大版冰激凌的共同作用下，给炎炎夏日带去了清新与凉爽。

色彩点评：以浅色作为背景主色调，将版面内容清楚地凸显出来。同时在红色与绿色互补色的对比中，打破了背景的单调与乏味，给人以满满的激情与活跃之感。

➊ 将椭圆形的西瓜泳池在画面中间位置呈现，具有很强的视觉聚拢感。而且底部不规则图形的添加，增强了画面的稳定性，同时给人以圆润舒适之感。

➋ 清晰摆放的主标题文字，将信息直接传达。同时叠加错位的设置，增强了画面的视觉立体感。

RGB=32,161,105 CMYK=79,11,76,0

RGB=86,212,252 CMYK=57,0,2,0

RGB=251,62,128 CMYK=0,88,18,0

这是婴儿用品的宣传主页设计。将一个矩形作为标志呈现的载体，具有很强的视觉聚拢感。卡通小熊的添加，直接表明了店铺经营的种类以及面向的受众群体。背景中各种婴儿用品的简笔插画，打破了纯色背景的单调。以纯度较低的蓝色作为主色调，凸显出婴儿用品轻柔安全的特性。适当红色的点缀，为画面增添了些许的活跃与童真。

RGB=166,221,226 CMYK=38,0,14,0

RGB=244,129,100 CMYK=0,64,57,0

这是甜品店铺的网页展示设计。采用骨骼型的构图方式，将文字和产品在画面中间位置呈现，直接表明了店铺经营的种类。特别是三个圆形饼干的摆放，在深色背景的衬托下，尽显店铺独具个性的经营理念。背景中的卡通插画，瞬间提升了整个画面的细节效果，同时营造了浓浓的复古氛围。

RGB=126,146,75 CMYK=59,35,89,0

RGB=195,140,49 CMYK=28,51,97,0

在运用图形元素进行相关的设计时，可以运用一些具有创意感的方式为画面增添创意性。因为创意是整个版面设计的灵魂，只有抓住受众的阅读心理，才能吸引更多的受众注意，进而达到更好的宣传效果。

这是比萨餐厅的网页宣传设计。将在画面右下角呈现的比萨作为展示主图，直接表明了餐厅的经营种类。超出画面的部分，具有很强的视觉延展性。

在画面中间偏上位置呈现的插画图案以及文字，以极具创意的方式促进了品牌的宣传。底部不同顾客购买产品留下的照片，对产品具有积极的推广作用。

深色背景的运用，凸显版面内容，同时也体现了餐厅成熟的经营理念。

这是夏季冷饮打折的宣传设计。采用中心型的构图方式，以一个矩形作为文字呈现的载体，具有很强的视觉聚拢效果，同时也积极地对信息进行传达。

矩形后面简笔树叶的添加，使其环绕在矩形周围，以具有创意感的方式打破了背景的单调与乏味。

整个版面以青色为主，在不同明纯度的变化中，丰富了画面的色彩感。

配色方案

双色配色	三色配色	四色配色

佳作欣赏

2.6 图像

　　图像与图形一样，都具有更强的信息传达功能，同时也可以为受众带去不一样的视觉体验。如果图形是扁平化的，那么图像就更加立体一些，可以将商品进行较为全面的展示，同时也会带给受众更加立体的感受。

　　因此，在运用图像元素进行相关的电商美工设计时，要将展示的产品作为展示主图，给受众直观醒目的视觉印象。同时也可以将其与其他小元素相结合，增强画面的创意感与趣味性。

特点：

◆　　具有更加直观清晰的视觉印象。

◆　　细节效果更加明显。

◆　　与文字相结合让信息传达效果最大化 。

2.6.1 动感活跃的图像元素

由于图像本身就具有较强的空间立体感，在进行相关的设计时，我们可以通过在画面中适当添加一些小元素的方式，来增强整体的动感效果。

设计理念：这是一款水果果汁的详情页设计。采用分割型的构图方式，将整个版面进行倾斜的划分，而且不同角度摆放的产品增强了画面的稳定性。

色彩点评：以橙色和绿色作为背景主色调，给人以清新亮丽的感受，而且也凸显出产品的新鲜与健康，十分容易获得受众对店铺的信赖感。

① 环绕在产品周围的水泡，一方面增强了画面的细节动感；另一方面将果汁四溅的口感进行直接的凸显，极大限度地刺激了受众的味蕾。

② 在底部以圆形作为不同口味产品的呈现载体，具有很强的视觉聚拢感。简单的文字，将信息直接进行传达，使受众一目了然。

RGB=251,190,65 CMYK=0,32,82,0

RGB=88,138,43 CMYK=16,49,18,0

RGB=252,199,181 CMYK=0,31,25,0

这是彩色体育运动健身创意网站的首页设计。将正在挥臂投球的人物图像作为展示主图，直接表明了网站的宣传内容，而且营造了激情活跃的运动氛围。以红色作为整个网站的主色调，让这种氛围又浓了一些。同时黑色的适当运用，具有一定的中和作用，增强了画面的稳定性。将文字与人物相互交叉在一起，具有很强的视觉层次动感。

RGB=209,25,51 CMYK=15,100,91,0

RGB=19,19,19 CMYK=93,88,89,80

RGB=248,72,93 CMYK=0,87,50,0

这是一款运动鞋的详情页展示设计。将产品在整个版面的中心位置呈现，直接表明了店铺的经营性质。一只鞋以倾斜形式摆放，为画面增添了些许动感。以纯度较低的蓝色作为背景主色调，凸显版面内容。深蓝色的鞋子，则增强了画面的色彩，同时具有稳定效果。

RGB=238,242,254 CMYK=8,4,0,0

RGB=54,59,159 CMYK=94,87,0,0

2.6.2 图像元素设计技巧——将产品进行直观的呈现

在运用图像元素进行相关的电商美工设计时，要将产品作为展示主图进行直观的呈现。这样不仅可以让产品清楚地呈现在受众面前，同时也促进了品牌的宣传与推广。

这是香蕉大王 Chiquita 金吉达香蕉的平面广告设计。将产品作为展示主图，直接表明了店铺的经营性质。以竖大拇指的创意造型，凸显出产品的优质与新鲜。

以橙黄色作为背景主色调，在不同明纯度的渐变过渡中，凸显产品，刚好与产品本色相一致，让画面极其和谐。

在底部呈现的标志与文字，将信息直接传达，同时促进了品牌的宣传。

这是美食甜品冷饮店的宣传网页设计。采用分割型的构图方式，将整个版面进行划分，而且将产品在不同区域进行呈现，给受众直观的视觉印象，十分醒目。

以浅色作为背景主色调，同时在产品本色的共同作用下，凸显产品的甜腻与美味，极大限度地刺激了受众的味蕾，激发其购买欲望。在版面中的文字，将信息直接传达。

配色方案

双色配色	三色配色	四色配色

佳作欣赏

第3章 电商美工设计的基础色

电商美工设计的基础色分为：红、橙、黄、绿、青、蓝、紫加上黑、白、灰。各种色彩都有属于自己的特点，给人的感觉也不尽相同。由于店铺风格、个性、产品种类等的不同，整体设计呈现的效果也千差万别。有的让人觉得店铺充满温馨浪漫之感；有的给人奢华亮丽的视觉体验；还有的则给人营造一种积极活跃的氛围。

◆ 色彩有冷暖之分，冷色给人以理智、安全、稳重的感觉；而暖色则给人以温馨、活力、阳光的体验。

◆ 黑、白、灰是天生的调和色，可以让品牌形象设计更具稳定性。

◆ 色相、明度、纯度被称为色彩的三大属性。

◆ 不同的产品种类有不同的形象色：食品强调安全一般用本身的色彩；医药要突出安全与健康，一般多用冷色调；化妆品多用较为柔和的色彩来表现女性的靓丽与精致。

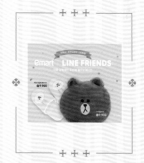

3.1 红

3.1.1 认识红色

红色：璀璨夺目，热情奔放，是一种很容易引起人们关注的颜色。在色相、明度、纯度等不同的情况下，对于店铺要传递出的信息与表达的意义也会发生相应的改变。

色彩情感：祥和、吉庆、张扬、热烈、热闹、热情、奔放、激情、豪情、浮躁、危害、惊骇、警惕、间歇。

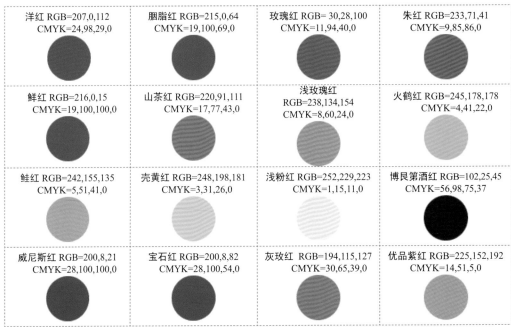

洋红 RGB=207,0,112 CMYK=24,98,29,0	胭脂红 RGB= 215,0,64 CMYK=19,100,69,0	玫瑰红 RGB= 30,28,100 CMYK=11,94,40,0	朱红 RGB=233,71,41 CMYK=9,85,86,0
鲜红 RGB=216,0,15 CMYK=19,100,100,0	山茶红 RGB=220,91,111 CMYK=17,77,43,0	浅玫瑰红 RGB=238,134,154 CMYK=8,60,24,0	火鹤红 RGB=245,178,178 CMYK=4,41,22,0
鲑红 RGB=242,155,135 CMYK=5,51,41,0	壳黄红 RGB=248,198,181 CMYK=3,31,26,0	浅粉红 RGB=252,229,223 CMYK=1,15,11,0	博艮第酒红 RGB=102,25,45 CMYK=56,98,75,37
威尼斯红 RGB=200,8,21 CMYK=28,100,100,0	宝石红 RGB=200,8,82 CMYK=28,100,54,0	灰玫红 RGB=194,115,127 CMYK=30,65,39,0	优品紫红 RGB=225,152,192 CMYK=14,51,5,0

3.1.2 洋红 & 胭脂红

❶ 这是一款口红的产品展示详情页。以左右分割的构图方式，将模特涂抹本产品的实景拍摄作为展示主图，可以让买家清晰直观地了解到产品的颜色与特性。

❷ 洋红色是一种介于紫色和红色之间的颜色，既具有本身颜色的特点，同时又能给人以愉快、活力的感觉，营造出鲜明、刺激的色彩画面。

❸ 右侧的文字既起到对产品解释说明的作用，同时也丰富了整个展示的细节效果，而且深色的背景与旁边的人物肤色形成鲜明的对比，让产品效果更加突出。

❶ 这是一款饮料的产品详情页展示效果。采用折线跳跃的构图方式，将产品和相关的文字直接展现在消费者眼前。

❷ 胭脂红与正红色相比，纯度稍低，但给人一种典雅、优美的视觉效果。左侧胭脂红色的饮料，在人们熟知的可口可乐的陪衬下，给人以较高的辨识度。

❸ 与可口可乐的正红相比，胭脂红色的饮料反而多了一丝柔和与优美。右侧主次分明的文字给人以视觉上的跳动感。

❹ 饮料后方的渐变图形的装饰，打破了单色背景的单调与乏味，增强了画面空间感。

3.1.3 玫瑰红 & 朱红

❶ 这是一款化妆品的详情页设计展示效果。采用左右分割的构图方式，将产品摆放在画面左侧位置，给人以直观的视觉印象。在右侧配以适量的文字介绍和相应的搭配产品，既将信息直接明了地传达出来，又丰富了整体的细节效果。

❷ 玫瑰红比洋红色饱和度更高，虽然少了洋红色的亮丽，但给人以优雅柔美的印象。

❸ 少量玫瑰红色的运用，将重要信息凸显出来，让消费者一眼就能看到产品细节介绍、价格、展示环节等具体内容。

❶ 这是一个以家庭为主要对象的产品宣传详情页。采用满版式的构图方式，将一家四口以卡通画的形式呈现出来，极具创意与趣味性。

❷ 朱红色介于红色和橙色之间，但朱红色明度较高，给人一种较为醒目、亮眼的视觉体验。

❸ 在一家人周围摆放的四只气球，一方面以环绕的方式让人感受家的温馨与和谐。另一方面又将信息清楚明了地展现出来，让人一目了然。

3.1.4　鲜红 & 山茶红

❶ 这是一款手提包的详情页展示效果。采用左右分割的构图方式，将产品和相关文字直接展现在消费者眼前。

❷ 鲜红色是红色系中最醒目的颜色，无论与什么颜色搭配，都较为抢眼，引人关注。

❸ 整个画面采用对比的方式，将消费者的注意力全部吸引在左侧鲜红色的背景部位，极大地促进了文字信息的传达。

❹ 右侧的手提包以浅色为主体色，但是其上方亮色的装饰图案，十分醒目。中间摆放的黑色物体，起到稳定整个画面的作用。

❶ 这是一个店铺商品折扣优惠力度的宣传效果。采用上下结构和并置型的构图方式，将文字信息清楚明了地传达给消费者。

❷ 整体以山茶红色为背景，山茶红色是一种较为内敛、温和的颜色，它没有鲜红色的张扬与激情，但却给人一种优雅、端庄的视觉感。

❸ 将折扣力度以矩形框的形式展现出来，具有很好的视觉聚拢感与宣传效果，使消费者一目了然。

3.1.5　浅玫瑰红 & 火鹤红

❶ 这是一款女性手提包的展示详情页，采用左右分割的构图方式，将产品直接展现出来，给消费者以直观的视觉体验效果。左侧主次分明的文字，将信息很好地传达出来。

❷ 浅玫瑰红色是紫红色中带有深粉色的颜色，能够展现出温馨、典雅的视觉效果。

❸ 下方的白色展示平台，将手提包的精致与优雅淋漓尽致地展现在消费者眼前，同时也给灰色的背景增添了一抹亮丽的色彩。

❶ 这是一个季节促销的产品折扣力度宣传页，以火鹤红为背景，将各种信息清楚地呈现，将信息直接传达给消费者。

❷ 火鹤红是红色系中明度较高的颜色，但其纯度相对较低，所以给人营造一种柔和、平稳的视觉氛围。

❸ 具有立体视觉效果的主体文字，与其他文字很好地区分开来，同时也凸显该文字的重要程度。

3.1.6 鲑红 & 壳黄红

❶ 这是一款女性化妆品的产品详情页展示效果。采用上下分割的构图方式，将直接摆放在画面中间位置的产品实景拍摄效果清楚地展现出来，十分引人注目。

❷ 采用纯度较低的鲑红作为背景主色调，给人以精致、沉稳但又不失时尚的视觉感。同时与产品包装色调相一致，营造了统一和谐的视觉氛围。

❸ 在画面最上方的文字，主次分明，将信息直接传达给消费者。产品下方渐变的鲑红花朵，凸显产品的精致与柔和。

❶ 这是一款婴儿产品的详情页展示效果，以减半的壳黄红为主体背景，凸显店铺柔和、安全的经营理念。简单的文字装饰，将信息清楚地展现出来。

❷ 壳黄红与鲑红接近，但壳黄红的明度比鲑红高，给人温和、舒适、柔软的感觉。

❸ 右侧的宝宝既可将产品进行直接展示，同时也将店铺的经营性质体现出来。以可以戳中消费者情感的宝宝作为展示主图，很容易让人忍不住多看几眼，对店铺具有良好的宣传与推广作用。

3.1.7 浅粉红 & 博艮第酒红

❶ 这是一个服装品牌店的详情页设计展示。以左右分割的构图方式，将产品和文字直接在消费者面前进行呈现，使其一目了然。

❷ 采用纯度非常低的浅粉红色作为背景主色调，由于其具有梦幻的色彩特征，所以给人一种温馨、甜美的视觉效果。

❸ 以立体图形作为商品展示和文字说明的载体，不同的侧面展示不同的产品。给人以视觉立体感，创意感十足。

❶ 这是一款产品的详情页展示效果。采用并置型的构图方式，将产品和文字整齐统一地展现在消费者眼前。

❷ 以橘色作为背景主色调，将版面内容很好地凸显出来，而且与博艮第酒红形成对比，给人以浓郁、丝滑和魅惑的视觉体验。

❸ 将展品摆放在画面中间位置，给消费者直观的视觉体验。

3.1.8　威尼斯红 & 宝石红

❶ 这是一个店铺的圣诞节宣传 Banner。采用左右分割的构图方式，将文字信息直观地传达给广大消费者。

❷ 威尼斯红是一种很纯的红，由于明度较高，给人营造一种成熟、高贵的氛围。以两种不同明纯度的红色作为背景主体色，与圣诞节的节日气氛相吻合。

❸ 右侧的绿色圣诞树直接表明店铺主旨，同时又有很好的装饰效果。

❹ 绿色底色的店铺折扣力度文字，在红色背景的衬托下十分醒目，让消费者能直接注意到。

❶ 这是一款口红的电商宣传海报。采用倾斜型的构图方式，在营造画面活跃动感氛围的同时，将产品很好地凸显出来。

❷ 宝石红是洋红色的一种，明度和纯度都比较高。给人一种华丽、雍容的视觉感受。

❸ 以不规则黑白相间的折线条纹作为背景，给人以视觉冲击力，极具创意感。特别是宝石红色的添加，对视觉起到很好的缓冲作用。

❹ 将产品进行倾斜摆放，给人以视觉动感。同时将产品内部效果也直接体现出来，方便消费者对产品进行细致的了解。

3.1.9　灰玫红 & 优品紫红

❶ 这是一个药妆品牌店铺的产品介绍详情页。采用满版式的构图方式，整体以虚化的实验研究为背景，给人以健康的视觉感受。

❷ 以明度较低的灰玫红作为文字呈现的载体，既可将文字清楚地展现出来，同时又给人一种和谐、典雅的视觉感受。

❸ 中间的少量文字，对品牌产品进行一定的解释与说明。特别是灰玫红色正圆的添加，为画面增添了一抹亮丽的色彩。

❶ 这是一个品牌店铺的产品宣传 Banner 设计展示。采用中心型的构图方式，将文字摆放在画面中间位置，具有很好的宣传与推广效果。

❷ 以优品紫红作为背景主色调，给人以高雅、时尚的视觉效果，而且优品紫红又是介于红与紫中间，是一种清亮前卫的颜色。

❸ 白色的主体文字，在优品紫红背景的衬托下十分引人注目，具有很好的宣传效果。

3.2 橙

3.2.1 认识橙色

　　橙色：橙色是暖色系中最和煦的一种颜色，让人联想到成功时的喜悦，律动的活力。偏暗一点会让人有一种安稳的感觉。

　　运动产品和一些较为活泼的店铺会选择颜色饱和度高一点的橙色；儿童品牌、护肤产品和一些美食类店铺则会选择明纯度中等的橙色；而具有稳重、成熟、复古特点的店铺则会选择偏暗一些的橙色，如高端男士服饰、高档护肤品牌、具有独特格调的店铺等。

　　色彩情感：饱满、明快、温暖、祥和、喜悦、活力、动感、安定、朦胧、老旧、抵御。

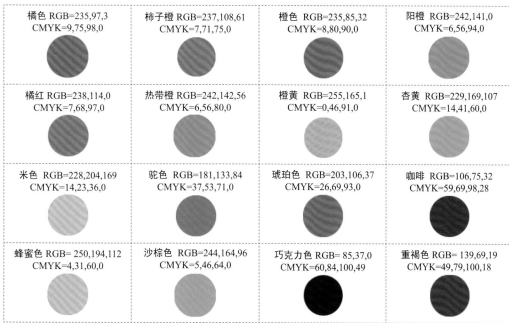

橘色 RGB=235,97,3 CMYK=9,75,98,0	柿子橙 RGB=237,108,61 CMYK=7,71,75,0	橙色 RGB=235,85,32 CMYK=8,80,90,0	阳橙 RGB=242,141,0 CMYK=6,56,94,0
橘红 RGB=238,114,0 CMYK=7,68,97,0	热带橙 RGB=242,142,56 CMYK=6,56,80,0	橙黄 RGB=255,165,1 CMYK=0,46,91,0	杏黄 RGB=229,169,107 CMYK=14,41,60,0
米色 RGB=228,204,169 CMYK=14,23,36,0	驼色 RGB=181,133,84 CMYK=37,53,71,0	琥珀色 RGB=203,106,37 CMYK=26,69,93,0	咖啡 RGB=106,75,32 CMYK=59,69,98,28
蜂蜜色 RGB=250,194,112 CMYK=4,31,60,0	沙棕色 RGB=244,164,96 CMYK=5,46,64,0	巧克力色 RGB=85,37,0 CMYK=60,84,100,49	重褐色 RGB= 139,69,19 CMYK=49,79,100,18

3.2.2　橘色 & 柿子橙

❶ 这是一款洗发水的产品详情页。青色的背景与产品的橘色形成鲜明的冷暖对比，将产品很好地凸显出来。

❷ 橘色的色彩饱和度较低，虽然橘色和橙色相近，但橘色要比橙色有一定的内敛特质，具有积极、活泼的意义。

❸ 产品以全貌和细节放大效果作为展示主图，既可以让消费者直观地观察到产品的外观，同时也可以让其对相关信息有所了解。

❶ 这是一个店铺促销广告的设计展示效果。将主体文字从不同角度以立体化方式进行呈现，十分引人注目。

❷ 采用亮度较低的渐变柿子橙作为背景色，与橘色相比，虽然更温和一些，但同时又不失醒目与时尚感，给人以视觉上的立体感。

❸ 在主体文字上下方的其他文字既起到解释说明的作用，同时也让整个设计的细节效果更加丰富。

3.2.3　橙色 & 阳橙

❶ 优惠券形式的橙色图形在画面中间位置十分醒目，让人一眼就能注意到相关的产品信息。

❷ 橙色的明度和纯度都较高，容易给人积极向上的视觉效果。同时与背景的青色形成冷暖色调的对比，将其更加显眼地凸显出来。

❸ 最上方黑色的店铺品牌标志文字，在卡通简笔画的陪衬下，具有很强的趣味性。

❹ 优惠券周围白色不规则的线条，打破了画面的枯燥与沉闷，对视觉具有一定的缓冲作用。

❶ 这是一个糕点店铺的产品展示 Banner 的设计效果。整体采用左右分割的构图方式，将图像与文字完美地呈现出来。

❷ 阳橙色的产品实拍主图，用较低的色彩饱和度，给人以柔和、温馨的视觉感受，同时具有满满的食欲感。

❸ 同色系的背景，在简单的对比中将产品烘托得更加美味与精致。而左侧少量白色文字的点缀，为整个画面增添了一抹亮丽的色彩。

3.2.4　橘红 & 热带橙

❶ 这是一款手表的详情页展示效果。采用左右分割的构图方式，将整个版面分为左右两个部分进行展示，给人以清晰明了的视觉效果。

❷ 以偏向于红色的橘红色作为背景，给人以强烈的直观视觉冲击力，而且又与深色的手表形成色彩对比，给人以年轻的活力与激情，但却又不失稳重之感。

❸ 白色的文字和描边边框，具有很好的视觉聚拢效果。既将信息进行传达，同时又将消费者的目光全部集中于此。

❶ 这是一个服装店铺的产品广告展示效果。将模特拍摄效果直接作为主图摆放在画面中间位置，十分引人注目。

❷ 不规则较大面积热带橙图形的装饰，以半透明的方式给单调的无彩色画面增添了亮丽的颜色，同时也将模特显示出来。

❸ 青色和黄色的点缀，与热带橙相呼应。同时图形的曲线条与模特的直线条，在曲直对比中使消费者的视觉得到缓冲。

❹ 最前方的白色文字对产品进行了细致的说明，同时也提高了画面的亮度。

3.2.5　橙黄 & 杏黄

❶ 这是一款化妆品的详情页展示效果。整体采用满版型和中轴型两种构图方式，将产品各种信息详细地展现出来，让消费者一目了然。

❷ 左右两侧搅拌蜂蜜简笔画小熊的装饰，表明了化妆品的主要成分，极具趣味性与创意感。以积极、活泼的橙黄色调为主体色，将摆放在画面中间位置的产品凸显出来。

❸ 画面组下方以矩形框的形式，对各个产品进行分开介绍与展示，给消费者提供了更加直接的信息。

❶ 这是一款珠宝的展示详情页。以并置型的构图方式，将产品规整地呈现出来。让整个画面极具简单之感，同时又具有一定的节奏与次序。

❷ 对角摆放的珠宝产品，在杏黄色背景的衬托下，极具奢华与精致感，而且适当的光影效果，让珠宝闪闪发光。

❸ 左下角和右上角白色底色的运用，既让珠宝的亮丽光彩浓了几分，同时也将深色的说明性文字凸显出来。

3.2.6　米色 & 驼色

❶ 这是有关俄罗斯产品的网页首页展示效果。画面中以三角形呈现的建筑物，增强了画面的稳定感。

❷ 具有明亮、舒适特性的米色的运用，给人以温和、柔美的视觉感受。红色小红花的点缀，让整体细节效果更加丰富。

❸ 画面最下方进行三等分，两边对产品进行细节方面的展示，中间则配以适量的文字。在相对宽松的环境中给消费者以视觉缓冲。

❶ 这是一款调料产品的创意广告展示效果。采用中心型的构图方式，将种菜品摆放在画面中间位置，十分醒目。

❷ 驼色的背景与白色的盘子形成对比，使其更加引人注目。虽然驼色接近于沙棕色，明度较低，但却给人稳定、温暖的感觉。

❸ 画面左下角半露出的调味料瓶子，既对产品进行了一定的宣传与推广，同时又与右上角的白色文字形成对角线的稳定状态。

3.2.7　琥珀色 & 咖啡色

❶ 这是一款咖喱的产品宣传广告展示效果。将烤鸡以拟人化的形式作为主图，给人以极强的视觉冲击力。

❷ 琥珀色的烤鸡，在合适光影效果的配合下，给人一种清洁、光亮的视觉效果，让人食欲满满。

❸ 左侧人物手拿产品的局部图像，既对产品进行了详细的展示，同时在与琥珀色的颜色对比中更加突出产品的美味。

❹ 右上角的文字，既对产品进行了简单的解释与说明，也让整个构图更饱满。

❶ 这是一款化妆品的产品详情页。将产品与信息进行细致的展示，给人以直观明了的视觉效果。

❷ 画面下方前后错开摆放的产品，将落未落的精华滴效果，给人以很强的画面动感。

❸ 由深到浅的渐变咖啡色背景，制造出很好的暗角效果，将消费者的注意力全部集中于中间浅色部位。

❹ 虽然咖啡色是明度较低的褐色，但由于其重量感较大，给人一种沉稳时尚的感受。

3.2.8 蜂蜜色 & 沙棕色

❶ 这是一款鞋子的产品展示详情页效果。采用三角形的构图方式，让整个画面呈现出较强的稳定性，特别是以三角摆放的鞋子。

❷ 蜂蜜色的背景，将产品和文字很好地凸显出来。明度较低的蜂蜜色，给人以柔和、亲近的感觉。左侧主次分明的文字，给消费者直观的信息传达效果。青色底色小面积的点缀，给消费者提供了明确的信息指示。

❶ 这是一个糕点店铺的产品展示广告效果。采用中心型的构图方式，将产品与信息介绍直接放置在画面中心部位，十分醒目。

❷ 沙棕色的背景，虽然纯度和明度都较低，但具有稳定特征，容易给人温和的视觉效果。特别是与具有当地特色的简笔画人物相结合，更是给人以浓浓的复古气息。

3.2.9 巧克力色 & 重褐色

❶ 这是一款化妆品的产品展示详情页设计效果。采用骨骼型的构图方式，将产品与文字信息直接展现在消费者面前，给人以直接明了的视觉感受。

❷ 巧克力色渐变背景色调的运用，由于其本身纯度较低的特征，在视觉上很容易给消费者营造一种浓郁、高雅的视觉氛围。

❸ 产品本身颜色与背景颜色一致，中间亮色的运用，提高了画面的整体亮度。

❶ 这是一个糕点店铺的产品 Banner 设计效果。采用左右分割的构图方式，将产品与信息进行完美的呈现。

❷ 具有内敛特征的深褐色背景，凸显店铺稳重与优雅的经营理念，同时又十分注重对食品细节的打磨。

❸ 简单的食品展示，在光影效果的配合下，既将产品细节清楚地展现出来，同时又给人以极强的食欲。

3.3 黄

3.3.1 认识黄色

黄色：黄色是一种常见的色彩，可以使人联想到阳光。当明度、纯度以及与之搭配颜色发生改变时，向人们传递的感受也会发生改变。

色彩情感：富贵、明快、阳光、温暖、灿烂、美妙、幽默、辉煌、平庸、色情、轻浮。

黄 RGB=255,255,0 CMYK=10,0,83,0	铬黄 RGB=253,208,0 CMYK=6,23,89,0	金 RGB=255,215,0 CMYK=5,19,88,0	香蕉黄 RGB=255,235,85 CMYK=6,8,72,0
鲜黄 RGB=255,234,0 CMYK=7,7,87,0	月光黄 RGB=155,244,99 CMYK=7,2,68,0	柠檬黄 RGB=240,255,0 CMYK=17,0,84,0	万寿菊黄 RGB=247,171,0 CMYK=5,42,92,0
香槟黄 RGB=255,248,177 CMYK=4,3,40,0	奶黄 RGB=255,234,180 CMYK=2,11,35,0	土著黄 RGB=186,168,52 CMYK=36,33,89,0	黄褐 RGB=196,143,0 CMYK=31,48,100,0
卡其黄 RGB=176,136,39 CMYK=40,50,96,0	含羞草黄 RGB=237,212,67 CMYK=14,18,79,0	芥末黄 RGB=214,197,96 CMYK=23,22,70,0	灰菊色 RGB=227,220,161 CMYK=16,12,44,0

3.3.2 黄 & 铬黄

❶ 这是儿童野外露营的相关产品详情页展示效果。以明纯度较高的黄色作为背景主色调，既将产品清楚地凸显出来，同时给人以明快、悦动的视觉体验。

❷ 将产品以立体角度展现，可以给消费者比较直接的视觉感受，而且在儿童的衬托下，可以让其对产品的大小有一个大致的了解。

❸ 左侧深绿色卡通恐龙的装饰，一方面丰富了整体画面的细节效果；另一方面趣味性十足，与店铺的经营性质相吻合。

❶ 这是一个店铺打折促销的文字设计。采用中心型的构图方式，将文字集中摆放在画面中间位置，十分引人注目。

❷ 渐变铬黄色花朵的添加，打破了背景的单调与沉闷。由于铬黄色具有金属的特征，而且纯度和明度都非常高，所以很容易给人营造一种积极、活跃的视觉氛围。

❸ 在画面中间位置的黑色折扣力度文字，简单粗暴地将信息直接传达给消费者。而其上下少量红色文字的点缀，起到了一定的解释说明与丰富画面的作用。

3.3.3 金 & 香蕉黄

❶ 这是一个店铺产品说明详情页的第一个页面。将文字集中摆放在画面中间位置，整体版式整齐统一，一目了然。

❷ 主标题文字采用金色为底色，将其与其他文字区别开来，给人以活力与动感，而且金色又与蓝色的大背景形成冷暖色调的强烈对比，体现出店铺轻快时尚的文化理念。

❸ 底部红色矩形框的点缀，给消费者提供了明确的信息指引，同时也为整个画面增添了一抹亮丽的色彩。

❶ 这是一款牙膏的产品展示详情页设计效果。整体采用倾斜型和左右分割两种形式的构图方式，清晰直观。

❷ 倾斜摆放的牙刷，极富动感气息。

❸ 右侧的杧果既表明了产品的味道，同时也让整个画面充满趣味性。香蕉黄具有稳定、柔和的色彩特征，将其作为背景主色调，与产品性质十分吻合。

3.3.4　鲜黄 & 月光黄

❶ 这是一个运动店铺相关产品的折扣设计效果。采用左右分割的构图方式，将信息直接传达给消费者。

❷ 选择人物野外探险的拍摄图片作为背景图，一方面表明店铺的主要经营性质与产品种类；另一方面，左侧跳跃攀树的人物让整个画面充满动感。

❸ 右侧色彩饱和度较高的鲜黄色正圆，十分醒目，给人以鲜活、亮眼的视觉效果。将上方的深色文字凸显出来，具有很强的宣传效果。

❹ 背景的绿色与鲜黄在颜色对比中给消费者一定的视觉缓冲，增强层次感。

❶ 这是一款儿童玩具的产品详情页。采用中心型的构图方式，将产品直接摆放在画面中心位置，清晰明了。

❷ 月光黄的背景，将产品以及相关信息凸显出来。月光黄明度高、饱和度低，给人营造一种淡雅、安全的视觉氛围。该种颜色特征正好与店铺的经营性质相吻合。

❸ 以四个不同颜色的立方体作为产品展示的载体，一方面作为辅助色为画面增添了活力与色彩；另一方面不同的摆放角度，在简单随意之中尽显儿童的天真与活泼。

3.3.5　柠檬黄 & 万寿菊黄

❶ 这是一个店铺产品促销的 Banner 设计效果。以不同颜色重复摆放的几何图形作为背景，在颜色变化中给消费者以视觉缓冲。

❷ 右侧倒置摆放的柠檬黄色三角形，在青色背景的衬托下十分醒目，给人一种鲜活健康、积极向上的视觉感受。

❸ 同色系的文字将重要信息凸显出来，将消费者的注意力集中于此，具有很好的宣传与推广效果。

❹ 左侧相同大小的蓝色图形，相同位置的摆放让画面极其稳定。同时与右侧图形相呼应，使中间的文字具有视觉聚拢感。

❶ 这是一款拉杆箱的产品详情页展示效果。采用左右分割与倾斜型的构图方式，将产品进行局部展示，给受众清晰直观的视觉印象。

❷ 万寿菊黄渐变背景的运用，使其呈现出热烈、饱满的色彩画面，而且与拉杆箱万向轮的颜色形成邻近色的对比，使画面具有一定的和谐统一感。

❸ 左侧主次分明的文字，对产品信息进行了直接的传达，而且文字与几何图形的直线与产品轮子的曲线形成对比，在曲直之间给人以别样的视觉体验。

3.3.6 香槟黄 & 奶黄

❶ 这是一款化妆品的产品宣传详情页设计效果。采用中轴型的构图方式,将产品和文字信息清楚明了地呈现在消费者眼前。

❷ 香槟黄色泽轻柔,将其作为背景可以凸显化妆品的安全与温和。同时少量邻近色橘色的点缀,给人以视觉上的统一感。

❸ 左右对称倾斜摆放的产品和表明季节的装饰物,打破了画面的沉闷与单调,给人以动感。中间红色的主体文字,十分醒目,将重要信息很好地进行传达。

❶ 这是一款女士凉鞋的产品宣传 Banner 设计效果。整体采用左右分割的构图方式,将产品和文字很好地呈现出来。

❷ 较淡的奶黄色作为背景,给人以柔和的视觉体验。同时也与凉鞋的主体色为邻近色,具有很强的视觉统一感。

❸ 以三角形形式展示的鞋子,具有很强的稳定性。左侧经过特殊设计的红色文字,十分引人注目,具有很好的宣传与推广作用。

3.3.7 土著黄 & 黄褐

❶ 这是一个蔬菜店铺的蔬菜详情页设计展示效果。采用折线跳跃式的构图方式,将产品悬浮在画面中,而且上下跨出画面的部分,具有很强的视觉延展性。

❷ 纯度较低土著黄色背景,由于其具有温暖、典雅的色彩特征,将蔬菜安全、健康的属性凸显出来。

❸ 左侧少量主次分明的黑色文字,将产品信息进行清楚明了的传达。白菜上方白色描边正圆与文字的点缀,对产品的质量进行了进一步的肯定。

❶ 这是一款产品具体使用方法的说明步骤设计效果。采用左右分割的构图方式,将产品和具体的说明性文字表现出来。

❷ 右侧倾斜摆放的产品,既给文字留出了足够的摆放空间,同时又打破了画面的沉闷与单调感。

❸ 左侧操作步骤的主标题文字以不同的底色来呈现,具有很好的提示作用。

❹ 顶部以高低错落摆放的文字,在正圆的衬托下具有视觉聚拢感,而且小面积深色调的点缀,具有稳定画面的效果。

3.3.8　卡其黄 & 含羞草黄

❶ 这是一款产品的宣传广告设计展示效果。采用骨骼型的构图方式，将图像和文字在消费者眼前进行清晰直接的呈现。

❷ 以看起来有些像土地颜色的卡其黄作为背景主色调，给人以时尚大气的视觉效果。以简单的圆角矩形为基本图形，组合成一个心形，创意十足。

❸ 最下方的文字，既对产品进行了相应的解释与说明，同时也增强了整体细节设计感。

❶ 这是一款产品的详情页展示效果。采用折线跳跃与左右分割的构图方式，将产品和文字清楚地展现在广大消费者眼前。

❷ 右侧产品采用折线跳跃的方式，给单调的画面增添了很强的动感。由于含羞草黄色是极具大自然气息的颜色，所以将产品安全、健康的特性凸显出来。

❸ 左侧简单的深色文字，对产品进行解释与说明，同时也达到了丰富画面细节的效果。

3.3.9　芥末黄 & 灰菊黄

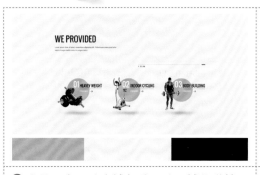

❶ 这是一个运动店铺各种运动器械的详情页展示效果。采用并置型的构图方式，将不同产品按照一定次序规整地呈现出来，具有很强的节奏感和统一感。

❷ 芥末黄正圆形背景的运用，既与浅灰色的大背景形成鲜明的对比，同时也将器械与文字很好地凸显出来，而且几何图形具有很强的视觉聚拢感。

❸ 产品底部投影的添加，给人以很强的立体感与稳定感。顶部简单的文字装饰，丰富了画面的细节效果。

❶ 这是一个儿童在线学习平台的详情页展示效果。采用满版型的构图方式，将相关信息清楚明了地传达给广大消费者。

❷ 以灰菊黄作为背景主色调，由于其具有沉稳、理智的色彩特征，这样可以让儿童在学习时集中注意力。

❸ 左侧整体的文字排列方式，可以让消费者对课程的相关内容有一个清晰的认识。

❹ 右侧画面中半空悬浮的人物给人以空间立体感，再配以倾斜摆放的手写字体，将儿童活泼好动的天性凸显出来。

3.4 绿

3.4.1 认识绿色

绿色：绿色既不属于暖色系也不属于冷色系，它属于中性色。它象征着希望、生命，绿色是稳定的，它可以让人们放松心情，缓解视觉疲劳，同时深色的绿还可以给人一种高贵奢华的感觉。

色彩情感：希望、和平、生命、环保、柔顺、温和、优美、抒情、永远、青春、新鲜、生长、沉重、晦暗。

 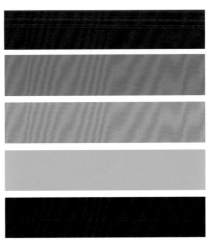

黄绿 RGB=216,230,0 CMYK=25,0,90,0	苹果绿 RGB=158,189,25 CMYK=47,14,98,0	墨绿 RGB=0,64,0 CMYK=90,61,100,44	叶绿 RGB=135,162,86 CMYK=55,28,78,0
草绿 RGB=170,196,104 CMYK=42,13,70,0	苔藓绿 RGB=136,134,55 CMYK=46,45,93,1	芥末绿 RGB=183,186,107 CMYK=36,22,66,0	橄榄绿 RGB=98,90,5 CMYK=66,60,100,22
枯叶绿 RGB=174,186,127 CMYK=39,21,57,0	碧绿 RGB=21,174,105 CMYK=75,8,75,0	绿松石绿 RGB=66,171,145 CMYK=71,15,52,0	青瓷绿 RGB=123,185,155 CMYK=56,13,47,0
孔雀石绿 RGB=0,142,87 CMYK=82,29,82,0	铬绿 RGB=0,101,80 CMYK=89,51,77,13	孔雀绿 RGB=0,128,119 CMYK=85,40,58,1	钴绿 RGB=106,189,120 CMYK=62,6,66,0

3.4.2 黄绿 & 苹果绿

❶ 这是一个店铺的促销折扣文字设计效果。采用中心型的构图方式，将图形和文字都集中在画面中间位置，十分引人注目。

❷ 黄绿是春天的颜色，是环保、健康的象征。而将其作为背景的主色调，给人以清新、明快的视觉效果。

❸ 不同明纯度的黄绿色矩形，以不同的倾斜角度进行摆放。在随意之中表现店铺的个性与独特的时尚美感。黑色手写的主标题文字，在黄绿色背景的衬托下，极其醒目。

❶ 这是一个果蔬店铺的产品 Banner 设计效果。采用斜杠式的构图方式，将产品清晰明了地呈现在广大消费者眼前。

❷ 以产品实景拍摄图片作为展示主图，这样可以让消费者对产品有清晰的认知。

❸ 左侧主体文字以苹果绿色的对话框进行呈现，好像产品在进行自我介绍一样，极具创意与趣味性。与产品相关的其他文字则采用较小的字号，主次分明，让消费者一目了然。

3.4.3 墨绿 & 叶绿

❶ 这是一款化妆品的产品宣传广告设计展示效果。采用上下分割的构图方式，将产品和文字进行清楚明了的展现。

❷ 整个画面以土地为背景，像种子一样从土里生长出来的产品，给人以新鲜、健康的视觉感受。

❸ 产品本身墨绿色的运用，让产品高雅与生命力的氛围又浓了几分。产品下方以几何图形呈现并有序排列的说明性文字，让消费者一目了然，同时让画面具有稳定性。

❶ 这是一款化妆品的产品详情页展示效果。采用满版型的构图方式，将产品展现在画面最醒目的位置，极具宣传效果。

❷ 整个背景以两种明纯度不同的绿色，以拼接的方式构成。在对比中营造出较强的立体空间感，同时也让白色外包装的产品十分醒目。

❸ 叶绿色是洋溢盛夏色彩的颜色，展现出沉稳、舒适的视觉效果。运用不同颜色与大小的文字，对产品进行细致的说明与宣传。

3.4.4 草绿 & 苔藓绿

❶ 这是一款化妆品的产品详情页设计展示效果。采用左右分割的构图方式，将产品与文字清晰明了地呈现在消费者眼前。

❷ 草绿色是具有生命力的颜色，给人以清新、自然的印象。将其作为背景的主色调，既与产品的白色形成鲜明对比，同时也让产品十分醒目地凸显出来。

❸ 右侧主次分明的文字，将重要信息以不同的颜色显示出来。既让消费者在阅读时有侧重点，同时也凸现卖家服务的贴心。

❶ 这是一个店铺产品促销文字的设计展示效果。采用中心型的构图方式，将文字放在画面中心位置，给消费者以直观的视觉冲击力。

❷ 红色是具有极强视觉刺激感的色彩，将其作为背景具有很好的宣传效果。

❸ 经过特殊设计的苔藓绿色文字，与红色背景形成互补色的鲜明对比，将其十分醒目地凸显出来。主体文字下方的白色文字，对折扣信息进行了说明。

3.4.5 芥末绿 & 橄榄绿

❶ 这是一个鞋子店铺的产品促销宣传文字设计效果。采用中心型的构图方式。

❷ 将大面积的绿色植物作为整个背景，给人以清新、自然的视觉体验。

❸ 不规则的白色底色几何图形，将文字清楚地凸现出来，而且具有很强的视觉聚拢感。

❹ 将字母L以高跟鞋的形式呈现，直接表明了店铺的经营性质，而且充满趣味性，创意感十足。芥末绿色的折扣文字与主标题文字，在邻近色的对比中将信息直接传达给消费者。

❶ 这是一款饮料的产品详情页设计效果。采用左右分割的构图方式，在将产品进行立体展示的同时配合少量的文字说明，给消费者以清晰直观的视觉印象。

❷ 以橄榄绿作为背景主色调，在明暗变化中给人以优美、抒情的视觉体验。同时将产品以及其他内容很好地凸现出来。

❸ 立体展示的产品，可以让消费者对产品的外观有大致的认知。而其后方黄色柠檬的摆放，在一前一后之中让视觉有一定的缓冲。同时直接表明了产品的口味。

3.4.6 枯叶绿 & 碧绿

❶ 这是一个店铺的宣传促销广告的文字设计效果。采用中心型的构图方式，将文字全部集中在画面中心位置。

❷ 枯叶绿色是一种较为中性的颜色，一般给人以沉着、率性的视觉感受。将其作为背景主色调，虽然不是很抢眼，但却表达出店铺沉稳又不失时尚的经营理念。

❸ 将 SALE 65% 这几个文字结合在一起，做到了你中有我，我中有你，极具设计感。

❶ 这是一款榨汁机的产品宣传广告设计效果。采用斜杠式的构图方式，让产品与文字形成稳定的三角形构造关系，让整个画面饱满，且具有稳定性。

❷ 该广告采用大面积的碧绿色绿叶作为背景，缓解了消费者浏览网页的视觉疲劳，同时给人以清新、活泼的视觉印象。

❸ 画面中间具有金属材质的产品，在绿叶背景的衬托下十分醒目，而且也传达出品牌注重环保与安全的经营理念。

3.4.7 绿松石绿 & 青瓷绿

❶ 这是一款产品的操作使用步骤的详细介绍设计效果。整个设计以文字为主，蓝色调大背景的运用，给人以雅致的视觉感受。

❷ 在左上角绿松石绿正圆形的添加，与下方明纯度较高的浅绿色形成邻近色的对比，将操作步骤提示信息清楚地传达给观看者。

❸ 画面下方的文字，以竖线作为间隔，给阅读者提供了清楚明了的阅读环境。而少面积红色的点缀，与绿色形成互补色的强烈对比，同时将重要信息直接传达给阅读者。

❶ 这是一款化妆品的产品展示详情页设计效果。采用满版型的构图方式，将产品和相关的文字信息清晰明了地展现在消费者眼前。

❷ 深绿色背景的大面积运用，将版面中的内容凸显出来，而且中间位置的产品在白色背景衬托下十分醒目。

❸ 少面积青瓷绿的运用，由于其偏低的纯度与较高明度的颜色特征，将产品的淡雅与高贵淋漓尽致得表现出来。

3.4.8 　孔雀石绿 & 铬绿

❶ 这是一款女士长裙的产品详情页设计展示效果。采用左中右分割的构图方式，将产品和文字在版面中完美地呈现出来。

❷ 采用饱和度较高的孔雀石绿作为背景主色调，营造了一种清脆、饱满的视觉氛围，而且与衣服的红色形成鲜明的邻近色对比，将产品很好地凸显出来。

❸ 将产品以模特试穿的拍摄图像作为展示主图，以不同的角度对产品进行呈现。

❶ 这是圣诞节店铺促销的宣传广告设计展示效果。采用中轴型的构图方式，将信息清晰明了地展现在消费者眼前。

❷ 版式以打开的门为创意点，将圣诞树作为主角放在画面最中间，将信息直接进行传达。左右两侧铬绿色的大门装饰，用其较低的明度给人一种深沉、厚重的视觉体验。

❸ 主次分明的文字，给消费者以直观的视觉印象，同时也让整个设计具有细节感。

3.4.9 　孔雀绿 & 钴绿

❶ 这是一款化妆品的产品详情页设计展示效果。采用上下分割的构图方式，从上往下将产品进行直观的展示与描述。

❷ 明纯度较高的橙色系背景，给人以活泼与时尚的视觉感受。同时橙色又与孔雀绿的产品包装颜色形成对比，将产品十分醒目地凸现出来，而且浓郁的孔雀绿，给人营造一种高贵、冷艳的氛围。

❸ 倾斜摆放的产品，给单调乏味的画面增加动感与活力，而且产品底部少面积浅绿色的装饰，凸显出产品的绿色天然与柔和亲肤。

❶ 这是一个店铺各种不同产品的宣传广告设计展示效果。采用左右分割的构图方式，将产品和相关信息进行清晰明了的展现。

❷ 采用明度较高的钴绿色作为背景主色调，将产品很好地凸显出来，而且给人以强烈的活跃视觉感。

❸ 右侧依据产品大小进行前后倾斜摆放的产品，给单色的背景画面增添了视觉动感。最后方超出画面的产品，是前面其他产品的坚强后盾，具有很强的稳定性。

3.5 青

3.5.1 ▶ 认识青色

青色：青色是绿色和蓝色之间的过渡颜色，象征着永恒，是天空的代表色，同时也能与海洋联系起来。如果一种颜色让你分不清是蓝还是绿，那或许就是青色了。在设计中青色的运用，可以凸显企业的简约、大方与理性，同时也具有较强的科技感。

色彩情感：圆润、清爽、愉快、沉静、冷淡、理智、透明。

青 RGB=0,255,255 CMYK=55,0,18,0	铁青 RGB=82,64,105 CMYK=89,83,44,8	深青 RGB=0,78,120 CMYK=96,74,40,3	天青色 RGB=135,196,237 CMYK=50,13,3,0
群青 RGB=0,61,153 CMYK=99,84,10,0	石青色 RGB=0,121,186 CMYK=84,48,11,0	青绿色 RGB=0,255,192 CMYK=58,0,44,0	青蓝色 RGB=40,131,176 CMYK=80,42,22,0
瓷青 RGB=175,224,224 CMYK=37,1,17,0	淡青色 RGB=225,255,255 CMYK=14,0,5,0	白青色 RGB=228,244,245 CMYK=14,1,6,0	青灰色 RGB=116,149,166 CMYK=61,36,30,0
水青色 RGB=88,195,224 CMYK=62,7,15,0	藏青 RGB=0,25,84 CMYK=100,100,59,22	清漾青 RGB=55,105,86 CMYK=81,52,72,10	浅葱色 RGB=210,239,232 CMYK=22,0,13,0

3.5.2 青 & 铁青

❶ 这是一个服装店铺的产品宣传广告设计展示效果。采用满版式的构图方式，将文字和人物结合在一起展现在消费者眼前。

❷ 将文字进行放大处理作为主图放在画面中心位置，十分醒目。而模特则以穿插的方式摆放在文字前后左右各个方位，给人以极强的视觉动感。用独具创意的方式让整个画面充满趣味性，同时给人留下深刻印象。

❸ 同色系小几何图形的装饰，丰富了画面的细节效果，而且营造出轻松、愉快的视觉体验氛围。

❶ 这是一款电动牙刷的产品细节详情页设计效果。采用上下分割的构图方式，将产品细节和相关文字直接明了地展现在消费者眼前。

❷ 低纯度铁青色渐变背景的运用，给人以沉着、冷静的感觉。同时也给消费者营造一种使用该款产品可以让牙齿更干净的视觉氛围。

❸ 将牙刷头进行放大后作为展示主图，同时在少面积红色底色的衬托下，凸显出牙刷毛的柔软与温和。

3.5.3 深青 & 天青色

❶ 这是一个店铺产品宣传的文字设计效果。采用中心式的构图方式，将文字直接清楚明了地展现在消费者眼前。

❷ 采用明度较低的深青色作为背景主色调，给人以沉着、稳重的感觉，而且在少面积白色的对比之下，将文字很好地凸显出来。

❸ 橘色系的主标题文字，在画面中心位置十分突出，而且文字上方白色小圆点的点缀，让整个文字充满生气。

❶ 这是一款手表的产品宣传 Banner 设计展示效果。采用左右分割式的构图方式，将产品和文字在简单的版面中进行直接的展示与信息传达。

❷ 大面积明度稍高的天青色背景，给人一种开阔、清澈的视觉体验。而在右上角小面积不同明纯度青色的对比之下，凸显出店铺稳重但却不失时尚的经营理念。

❸ 右侧两个相互交叉倾斜摆放的手表立体效果，给人以动感与活力。

3.5.4　群青 & 石青色

❶ 这是一款剃须刀的产品宣传 Banner 设计展示效果。采用左右分割的构图方式，将产品十分清楚地展现在消费者眼前。

❷ 左侧采用饱和度较高的群青色作为主色调，给人以深邃、空灵的视觉体验。右侧为带有雪花图案的背景，二者在颜色明纯度、动与静的对比中给人以别样的视觉体验。

❸ 以不同的视角对产品进行详细展示，而且在后方环形丝带的衬托下，凸显产品高贵。

❹ 产品正上方具有醒目效果的红色箭头的装饰，很容易将消费者的注意力吸引于此，对产品具有很好的宣传与推广作用。

❶ 这是一款护肤品的产品详情页设计展示效果。采用中心型的构图方式，将产品和文字在画面中间位置进行完美的展现。

❷ 明度较高的石青色背景的运用，给人营造一种雅致、亮丽的氛围，而且深色泡泡小图案的装饰，既打破了背景的单调乏味，同时凸显出产品强大的补水功能。

❸ 倾斜摆放的产品，将内部产品质地直接表现出来，可以让消费者对产品有一个直观的认知，而且在适当光照的配合下，给人营造一种使用该产品可以让皮肤变得更加水润的视觉氛围。

3.5.5　青绿色 & 青蓝色

❶ 这是一个吉他店铺的详情页设计展示效果。采用骨骼型的构图方式，将产品的全貌直接展现在消费者眼前。

❷ 将整个吉他作为画面主图，在深色背景的衬托下，凸显店铺精致高雅，但却具有独特时尚个性的经营理念。

❸ 画面中少面积明度较高的青绿色的点缀，给人以清新、亮丽的视觉感受。以吉他为中心前后放置的白色文字，营造空间立体感。

❶ 这是一个店铺鞋子的宣传广告设计展示。采用自由型的构图方式，将鞋子摆放在画面中的合适位置。随意但却不失美感。

❷ 整体以粉色调作为大背景，凸显出店铺以经营女性鞋子为主的特征。同时少面积青蓝色的运用，与粉色形成冷暖色调的对比，给人以很强的视觉冲击感。

❸ 中间位置大号字体的折扣文字，十分醒目，将产品信息直接传达给广大消费者。

3.5.6 瓷青 & 淡青色

❶ 这是一个店铺相关产品促销的文字 Banner 设计展示效果。以斜杠式的构图方式，让画面形成一个稳定的三角形构架。

❷ 以纯度稍高、明度稍低的瓷青色作为背景主色调，给人一种清新，淡雅的视觉体验。同时也将版面中的主体对象凸现出来。

❸ 画面中间部位倾斜摆放的主体文字，给人以动感与活力，而且文字主次分明，以不同的字号传递不同的信息。

❶ 这是一个产品促销广告的设计展示效果。采用中心型的构图方式，将重要的文字信息集中在画面中间展示。

❷ 采用明度较高的淡青色作为背景主色调，给人一种纯净、冰凉的视觉感受，而且淡色的背景可以将主体物凸现出来。

❸ 整个画面采用卡通简笔画的形式，将店铺发放优惠券可以进行购物的信息充满趣味性地进行传达。

3.5.7 白青色 & 青灰色

❶ 这是一个店铺相关产品宣传的详情页广告展示效果。采用中心式的构图方式，将信息和图画全部集中在画面中心位置，给人以清晰直观的视觉印象。

❷ 以卡通简笔画作为展示主图，通过儿童的视角来进行信息的传递。创意感十足又极具趣味性。特别是白色云朵的添加，打破了背景单一的枯燥与乏味。

❸ 顶部主次分明的文字，则进行了一定的解释与说明，同时丰富了画面的细节效果。

❶ 这是一个电子商铺相关电子产品的 Banner 设计展示效果。采用上下分割的构图方式，将文字和产品各自相对独立展示。

❷ 青灰色的背景，以其沉稳、静谧色彩特征，给人以较强的电子科技感。同时深浅不一的渐变，营造出立体空间感。

❸ 将各种电子产品放在画面下方位置，让消费者对店铺有一定的了解。电子产品上方的立体折扣文字，在一定投影的衬托下十分醒目。

3.5.8　水青色 & 藏青

❶ 这是一款化妆品相关产品搭配使用的产品详情页介绍设计效果。采用并置型的构图方式，将操作步骤以相同的形式呈现出来，给人以统一直观的视觉感受。

❷ 以明度较高的水青色作为背景主色调，给人以冷冽、清凉的感受，使人心旷神怡。少量水泡泡的装饰，将产品补水润肤的特征淋漓尽致地凸现出来。

❸ 白色矩形底色的添加，将与背景同色系的产品凸现出来。每个产品的重要信息以正圆形的外观来体现，十分醒目。

❶ 这是一款女性服饰的产品宣传详情页设计效果。将文字放在图片上方，这样无论消费者将视觉重心放置在哪儿，自然而然地都会注意到另外一个。

❷ 将整个背景以倾斜的方式一分为二，在藏青色和黄色的对比之下，给人以理智、坚毅但却不失时尚与柔和的视觉印象，具有很强的视觉冲击力。

❸ 画面中间位置的模特展示，让消费者对产品有一个立体的视觉印象。相对于平面展示来说，更具有宣传与推广效果。

3.5.9　清漾青 & 浅葱青

❶ 这是一款化妆品的产品详情页设计展示效果。采用中心型的构图方式，将产品直接放置在画面中心位置，再配以简单的文字，具有很好的宣传与传播效果。

❷ 以清漾青为主色调的植物作为整个背景，将产品绿色、温和的特性凸现出来。同时也给人以成熟但却不失时尚的视觉体验。

❸ 在产品左右两侧分别以较低透明度的白色矩形作为文字展示的载体，一方面凸显产品的清透与纯植物萃取的天然；另一方面则不会让整个画面具有较强的厚重感。

❶ 这是一款零食店铺的各种零食的宣传详情页展示效果。采用顶角分散式的构图方式，以底部产品为中心点向外发散，具有良好的视觉延展性。

❷ 以比较清冷的浅葱色作为背景主色调，给人以纯净、大方的感觉。同时也凸显该店铺注重食品安全与健康的经营理念。

❸ 产品左侧的文字，以不同的颜色与字体大小将信息进行分别传递。而右侧倾斜放置的简单圆形文字，既起到说明的作用，同时也丰富了画面的细节。

3.6 蓝

3.6.1 ◢ 认识蓝色

　　蓝色：十分常见的颜色，代表着广阔的天空与一望无际的海洋，在炎热的夏天给人带来清凉的感觉，同时也是一种十分理性的色彩。在设计中运用蓝色，可以塑造一个睿智与稳重并存的店铺形象。

　　色彩情感：理性、智慧、清透、博爱、清凉、愉悦、沉着、冷静、细腻、柔润。

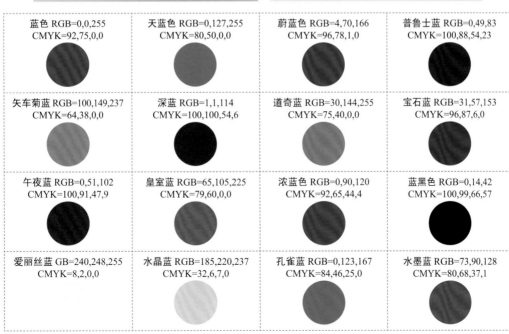

蓝色 RGB=0,0,255 CMYK=92,75,0,0	天蓝色 RGB=0,127,255 CMYK=80,50,0,0	蔚蓝色 RGB=4,70,166 CMYK=96,78,1,0	普鲁士蓝 RGB=0,49,83 CMYK=100,88,54,23
矢车菊蓝 RGB=100,149,237 CMYK=64,38,0,0	深蓝 RGB=1,1,114 CMYK=100,100,54,6	道奇蓝 RGB=30,144,255 CMYK=75,40,0,0	宝石蓝 RGB=31,57,153 CMYK=96,87,6,0
午夜蓝 RGB=0,51,102 CMYK=100,91,47,9	皇室蓝 RGB=65,105,225 CMYK=79,60,0,0	浓蓝色 RGB=0,90,120 CMYK=92,65,44,4	蓝黑色 RGB=0,14,42 CMYK=100,99,66,57
爱丽丝蓝 GB=240,248,255 CMYK=8,2,0,0	水晶蓝 RGB=185,220,237 CMYK=32,6,7,0	孔雀蓝 RGB=0,123,167 CMYK=84,46,25,0	水墨蓝 RGB=73,90,128 CMYK=80,68,37,1

3.6.2　蓝色 & 天蓝色

❶ 这是一个服装店铺相关产品宣传的 Banner 设计效果。采用模特展示图片在两边，文字在中间的构图方式。

❷ 采用渐变的灰色作为背景，凸显店铺高雅精致的经营理念。背景中小面积红色图案的装饰，增添了一抹亮丽的色彩。

❸ 将产品通过模特穿着进行立体展示，让消费者对产品细节有更清楚的认知。同样无彩色的服饰，给人以和谐统一的视觉印象。

❹ 中间的文字以明纯度都较高的蓝色矩形为底色，十分醒目，而且以其鲜艳的色彩，给人以真实、时尚之感。

❶ 这是一个店铺相关产品的详情页设计效果。采用定视角分散的构图方式，将简笔画产品和文字完美地呈现出来。

❷ 以淡蓝色作为背景主色调，而下方少面积明纯度较低的蓝色的添加，让整体营造出沙滩与海水的视觉氛围，极具创意趣味。

❸ 右上角纯度较低的天蓝色遮阳伞，给人纯净、开阔的视觉感。同时在其他产品的配合下，给人以悠闲、身心舒畅的感受。

❹ 左侧深蓝色的主标题文字，将信息进行直接明了的传达。同时也让画面的视觉效果更加稳定。

3.6.3　蔚蓝色 & 普鲁士蓝

❶ 这是一个店铺产品宣传的详情页设计展示效果。整个版面以文字为主，通过对文字进行各种处理与摆放位置的安排，将信息直接明了地传递给消费者。

❷ 采用明度适中的蔚蓝色作为背景主色调，给人一种自然、稳重的感觉。同时与主体文字的红色形成鲜明的颜色对比，让人一眼就能注意到。

❸ 在字母 S 上添加的白色曲线条，既让主体文字更加醒目，同时大面积的白色提高了画面的亮度，而其他主次分明的文字则起到一定的解释与说明作用。

❶ 这是一个店铺相关产品促销的文字宣传设计效果。采用中心型的构图方式，将文字在画面中心位置进行直接呈现，让消费者一目了然。

❷ 采用色彩饱和度偏低的普鲁士蓝作为背景主色调，给人营造一种深沉、稳定的视觉氛围。

❸ 将主体文字与简单的线条相结合，组成一个礼盒的外观形状，创意十足。既将信息清楚明了地凸显出来，同时又给人以极强的趣味性。

3.6.4　矢车菊蓝 & 深蓝

❶ 这是一款与宝宝相关的食品详情页展示效果。采用左右分割的构图方式，将产品和文字清晰地表现出来。

❷ 采用纯度和明度都比较适中的矢车菊蓝作为背景主色调，具有天然、舒适的独特质感。刚好与店铺的产品经营性质相吻合。

❸ 将产品前后错开摆放，既可以让产品细节较为清楚地展现出来，同时也为画面增添了一丝动感。

❶ 这是一款笔记本的宣传详情页设计效果。采用左右分割的构图方式，将产品进行较为全面的展示。

❷ 整个背景采用橙色和深蓝色，冷暖色调的对比让画面极具视觉冲击力，具有很好的宣传与推广效果，而且深蓝色是纯度较高的颜色，给人一种神秘感。

❸ 右侧的笔记本以立体的角度进行呈现，给消费者以直观的视觉感受。产品侧面少面积黄色的添加，凸显出经营者的独特的时尚个性。

3.6.5　道奇蓝 & 宝石蓝

❶ 这是一个店铺产品宣传的广告设计展示效果。采用文字为主、图形为辅的构图方式，将信息直观地展现在消费者眼前。

❷ 将明度较高的道奇蓝作为背景主色调，将版面的主要信息很好地凸显出来。由于道奇蓝具有一般蓝色的基本特征，所以给人营造了一个比较舒适的视觉浏览环境。

❸ 黄色的主标题文字在画面中十分醒目，让人一眼就能注意到。画面左侧的卡通宣传人物，为整个画面增添了不少的趣味性。

❶ 这是一个店铺产品宣传的广告设计效果。采用中心型的构图方式，将人物放在画面中间位置，进行清晰明了的展现。

❷ 采用明度和色彩饱和度都较高的宝石蓝为大背景，给人以稳重、权威的感觉。内部少面积青色的运用，在邻近色的对比中将人物很好地凸现出来。

❸ 左上角和右上角相应的小文字，具有很好的装饰效果，同时构成对角线的稳定效果。

3.6.6 午夜蓝 & 皇室蓝

❶ 这是一款化妆品的产品广告宣传设计展示效果。采用满版式的构图方式，将产品和相关的文字信息进行清晰明了的展现，给消费者以直观的视觉印象。

❷ 将低明度、高饱和度的午夜蓝作为背景主色调，给人静谧、稳重的视觉效果。同时将白色的产品展示柜很好地凸现出来，在画面中间位置十分醒目。

❸ 绿色和红色两种互补对比的产品包装颜色，给人以极强的视觉冲击力，具有很好的宣传与推广作用。

❶ 这是一款凉拖鞋的产品详情页展示效果。以上下分割的构图方式，将产品和文字清晰直观地展现在消费者眼前。

❷ 采用明纯度都较高的皇室蓝作为背景主色调，给人以精致、高贵的视觉体验。同时在颜色的明暗对比中，既让鞋子十分醒目，同时也给人清凉无比的爽快感。

❸ 立体展示的鞋子效果，让消费者对产品细节有了一个清晰直观的认识。鞋子右侧类似隆起防滑的简单线条装饰，让单调乏味的画面充满动感。

3.6.7 浓蓝色 & 蓝黑色

❶ 这是一个服装店铺产品宣传的 Banner 设计展示效果。采用将图片与文字交叉摆放的构图方式，将其清晰明了地展现在消费者面前。

❷ 采用饱和度较高的浓蓝色作为背景主色调，给人一种稳重、优雅的感觉，而且与小面积的浅蓝色在同色系的对比中，将模特很好地凸现出来。

❸ 将模特试穿产品的实拍图像作为展示主图，可以增强消费者对产品的认识与了解。而其在浅蓝色矩形背景上方的投影，让整个画面具有很强的空间立体感。

❶ 这是店铺相关产品的文字宣传介绍。以文字为主，文字、段落之间合适的留白，给消费者提供一个相对宽松的阅读空间。

❷ 以明度较低的蓝黑色作为背景主色调，给人一种冷静、理智的视觉感。同时还与白色的文字形成鲜明的明暗对比，将其很好地凸现出来。

❸ 画面中将重要文字以少量的青色进行标记，一目了然。同时也为整个画面增添了一抹亮丽的色彩，让人眼前一亮。

❹ 最下方的时间文字以日历外形为载体，借助人们熟知的物品进行表示，创意感十足。

3.6.8 爱丽丝蓝 & 水晶蓝

❶ 这是一个店铺在圣诞节推出的唯美广告宣传设计效果。采用远近景的构图方式，将主图摆放在较近的位置，给人以清晰直观的视觉感受。

❷ 整个背景以淡雅的爱丽丝蓝为背景主色调，给人凉爽、优雅的体验。在大面积雪地的衬托下，让节日的浓厚氛围又重了几分。

❸ 画面以被大雪覆盖的松树林为远景，而将由各种大小与形状堆积而成的礼品盒作为近景。由远景逐渐过渡到近景，不仅具有极强的创意感，同时让视觉也得到缓冲。

❶ 这是一个蔬菜店铺产品宣传详情页。采用满版式的构图方式，在产品和文字之间以适当的留白，将其清楚直观地进行展现。

❷ 采用明度较高的水晶蓝作为背景主色调，给人一种清爽、天然的视觉感受。而且在与蔬菜红绿色的颜色对比之下，极大地刺激了消费者的购买欲望。

❸ 蔬菜产品以倾斜的角度进行呈现，使其充满活力与动感，同时也凸显出产品的新鲜与健康。主体文字以较大的字号放置在产品左侧，十分醒目。

3.6.9 孔雀蓝 & 水墨蓝

❶ 这是一个店铺相关产品的宣传广告设计展示效果。以左右分割的构图方式，将产品与文字清楚地展现在消费者眼前。

❷ 采用明纯度较低的红色作为背景，给人以较强的视觉冲击力。右侧小面积三角形外观的渐变孔雀蓝，与红色背景形成鲜明对比。

❸ 倾斜悬空摆放的各种物品与处于失重状态表情夸张的人物，整个组合给人以很强的视觉感染力，好像身临其境，具有很强的创意感与趣味性。

❶ 这是一个店铺在圣诞节的产品促销宣传。以中心型的构图方式，将文字放置在画面中心位置，而四周摆放各种产品。

❷ 采用纯度较低的水墨蓝作为背景主色调，给人以幽深坚实的视觉效果。虽然色调稍微偏灰，但却将产品很好地凸现出来。

❸ 白色的宣传文字，与深色背景形成强烈的色彩明暗对比，十分醒目。不同的字体与小的装饰物件的使用，让整个文字版面极具设计感。

3.7 紫

3.7.1 认识紫色

　　紫色：紫色是由温暖的红色和冷静的蓝色混合而成，是极佳的刺激色。由于紫色具有高端与奢华的特征，所以多用于女性产品的品牌设计中。灵活运用此色彩不仅可以突出店铺的高雅与时尚，同时对品牌具有很好的宣传与推广作用。

　　色彩情感：神秘、冷艳、高贵、优美、奢华、孤独、隐晦、成熟、勇气、魅力、自傲、流动、不安、混乱、死亡。

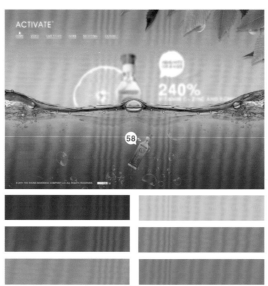

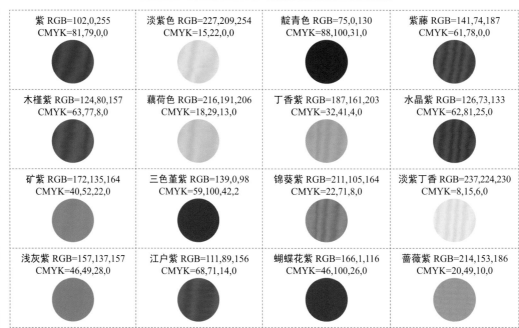

紫 RGB=102,0,255 CMYK=81,79,0,0	淡紫色 RGB=227,209,254 CMYK=15,22,0,0	靛青色 RGB=75,0,130 CMYK=88,100,31,0	紫藤 RGB=141,74,187 CMYK=61,78,0,0
木槿紫 RGB=124,80,157 CMYK=63,77,8,0	藕荷色 RGB=216,191,206 CMYK=18,29,13,0	丁香紫 RGB=187,161,203 CMYK=32,41,4,0	水晶紫 RGB=126,73,133 CMYK=62,81,25,0
矿紫 RGB=172,135,164 CMYK=40,52,22,0	三色堇紫 RGB=139,0,98 CMYK=59,100,42,2	锦葵紫 RGB=211,105,164 CMYK=22,71,8,0	淡紫丁香 RGB=237,224,230 CMYK=8,15,6,0
浅灰紫 RGB=157,137,157 CMYK=46,49,28,0	江户紫 RGB=111,89,156 CMYK=68,71,14,0	蝴蝶花紫 RGB=166,1,116 CMYK=46,100,26,0	蔷薇紫 RGB=214,153,186 CMYK=20,49,10,0

3.7.2 紫色 & 淡紫色

① 这是一个电商相关产品的 Banner 设计宣传效果。采用中心型和中轴型的构图方式，将产品和文字集中摆放在画面中间位置，给消费者以清晰直观的视觉印象。

② 采用色彩饱和度较高的紫色作为背景主色调，以其浓郁的色彩特征给人很强的视觉张力与吸引力，而且背景中的蓝色小矩形为单调的画面增添了活力与动感。

③ 将一款化妆品放大处理后作为基准放在画面中心，而其他产品则摆放在该产品左右两侧。主次分明的白色文字，将信息直接传达给广大消费者。

① 这是一款口红的产品详情页设计展示效果。采用左右分割的构图方式，将产品和文字清晰明了地展现在消费者眼前。

② 将粉色作为背景主色调，既凸显出店铺以女性为主要经营对象的文化理念。同时也与口红的包装色形成对比，将其很好地凸现出来。

③ 画面左侧淡紫色的口红包装，可以给人以清新、雅致的视觉体验，而且将不同的口红色号直接展示，既让消费者对颜色有直观的了解，同时也给浅色的画面增添了一抹亮丽的色彩。

3.7.3 靛青紫 & 紫藤

① 这是一个女士手提包的详情页设计展示效果。采用产品展示为主、文字说明为辅的构图方式，将二者进行较为直观的展示。

② 采用明度较低的靛青紫作为背景主色调，给人神秘莫测的感觉。中间高明度紫色的过渡，将产品和文字很好地展现出来。

③ 放在画面左侧的手提包，在周围适当的留白环境下十分醒目，而且借助底部的展示载体，让整个画面具有很强的空间感。

① 这是一个店铺产品宣传的文字广告设计展示效果。采用中心型的构图方式，将文字集中在画面中心位置，给消费者一个清晰直观的视觉印象。

② 以纯度较高的紫藤色作为背景主色调，给人以时尚、亮眼的视觉感受。透明度较低的白色矩形，一方面将文字限制在该范围内，具有很好的视觉聚拢感；另一方面，适当地降低了背景的亮度，将文字凸现出来。

3.7.4 木槿紫 & 藕荷色

❶ 这是一个店铺产品宣传的广告设计展示。采用中心型的构图方式，重要信息放中心。

❷ 采用明度较为适中的木槿紫色作为背景主色调，给人以优雅、时尚的视觉感受。同时与黄色形成鲜明的互补色对比。

❸ 画面中间的黄色矩形醒目，将消费者最为关心的折扣文字放在上方，具有很积极的宣传与推广效果。

❶ 这是一款口红的产品宣传。采用左右分割的构图方式，将产品和文字展现出来。

❷ 以纯度较低的藕荷色作为背景主色调，给人以淡雅、内敛的视觉效果。与洋红色的渐变过渡中，给人些许张力与跳动。

❸ 将模特倚靠放大的口红作为展示主图，极具视觉冲击力，而且模特的红色裙子，与口红色号相一致。

3.7.5 丁香紫 & 水晶紫

❶ 这是一个店铺相关产品的文字宣传广告设计展示效果。采用骨骼型的构图方式，将产品信息清晰明了地传达给广大消费者。

❷ 整体采用纯度较低的丁香紫作为背景主色调，给人一种轻柔、淡雅的视觉感。同时也凸显出店铺雅致但却不失时尚的经营理念。

❸ 将折扣力度文字进行放大处理放在画面中间位置，十分醒目，而且经过设计将其以立体的形式呈现，营造出很强的立体感。

❶ 这是一款女士手提包的详情页设计展示效果。以中心型的构图方式，将产品和相关的文字清晰明了地展现在消费者眼前。

❷ 蓝色系的背景主色调，给人以理智、成熟的视觉感受。中间黑色区域的添加，既将周围的花草枝节凸现出来，同时增加了画面的稳定效果。

❸ 将产品放在画面最前方位置，十分醒目，而且具有较为浓郁色彩的水晶紫色，淋漓尽致地凸显出手提包的高贵与优雅。同时在周围人们熟知的物品的陪衬下，更加凸显产品的精致与时尚。

3.7.6 矿紫 & 三色堇紫

❶ 这是一个女士首饰店铺的项链产品广告。采用满版式的构图方式，将文字与产品以合适的疏密排列布局。

❷ 采用纯度和明度都稍低的矿紫色作为背景主色调，给人以优雅、坚毅的视觉感。同时与文字的白色形成对比，将信息直接传达给消费者。

❸ 在画面中间位置的手写字体文字，给人亲切感。这种韵律刚好与外围随意摆放的产品相呼应，体现出设计者的精致与别出心裁。

❶ 这是一款手机 App 应用的网页首页设计效果。采用中心型的构图方式，将 App 效果直接摆放在画面中间位置。

❷ 整体以纯度较高的三色堇紫色作为背景主色调，在渐变之中给人以华丽、高贵的视觉体验。

❸ 将人物手机 App 手机端的页面效果作为展示主图，同时再配合右侧的简单文字解释，给人以直观的视觉印象，同时又具有空间立体感。

3.7.7 锦葵紫 & 淡紫丁香

❶ 这是一款产品的宣传海报设计展示效果。采用上下分割的构图方式，但是以立体的文字展示为主，给消费者以较强的视觉冲击力，进而刺激其进行购买的欲望。

❷ 采用纯度较低的锦葵紫色作为背景主色调，给人以光鲜、优雅的视觉感受。

❸ 直接摆放在画面底部中间位置的产品，十分醒目，而且产品后方少量的葡萄，既表明了口味，同时也打破了产品摆放的单调性。

❶ 这是一款女士洁面仪的宣传广告设计效果。采用上下分割的构图方式，将直觉重心放在产品展示上。让消费者对产品能够有更加直观的认知。

❷ 采用饱和度较低的淡紫丁香色作为背景主色调，给人以淡雅、古典的印象。

❸ 将产品以立体的角度进行呈现，环绕产品的光圈，更加突出产品的精致与高雅。

3.7.8 浅灰紫 & 江户紫

❶ 这是一款企业定制的员工文化衫设计展示。采用中心型的构图方式，将产品直接摆放在画面中间位置。

❷ 将白色和浅橘色以拼接的方式构成整个背景，在简单的颜色对比中，给人以视觉冲击力，同时将产品很好地凸现出来。

❸ 浅灰紫的明度较低，给人以守旧、沉稳的视觉感。在服饰领口和袖口以浅灰紫色做点缀，让整个 T 恤给人稳重、高雅的感受，很容易让人对品牌产生信任。

❶ 这是一个店铺相关产品打折促销的 Banner 设计，采用满版式的构图方式。

❷ 以大面积明度较高的江户紫购物袋与产品标签，作为折扣文字的载体，十分醒目。

❸ 画面以人物在飓风状态下，使劲拉住购物袋艰难行走的夸张手法，来表现店铺的巨大折扣力度，极具创意感。

❹ 最下方以并置型的构图方式，将具体的折扣信息进行详细的解释与说明。使消费者一目了然。

3.7.9 蝴蝶花紫 & 蔷薇紫

❶ 这是一款护肤品的宣传广告设计展示效果。采用中心型的构图方式，将产品放在画面中间位置，具有很好的宣传与推广效果。

❷ 纯度偏高的蝴蝶花紫色具有活跃时尚的色彩特征，十分受女性喜爱。将其作为产品展示主色调，具有很强的视觉吸引力。

❸ 向右上角倾斜摆放的包装盒与向左上角倾斜的产品，让整个画面达到一个平衡稳定的状态，而且营造出一种充满活跃的动感氛围。

❶ 这是一款甜品的宣传广告设计效果。采用上下两端为文字、中间为产品的构图方式，将产品和文字直接展现在消费者眼前，使其一目了然。

❷ 以纯度较低的蔷薇紫色作为背景主色调，给人以优雅、柔和的体验感，而且深色的简笔画装饰，打破了单色背景的枯燥与乏味。

❸ 将俯视角度拍摄的产品图像作为主图，这样可以使消费者对产品细节有一个清晰的了解，增强其对品牌的信任感。

3.8 黑白灰

3.8.1 认识黑白灰

黑色：黑色神秘、黑暗、暗藏力量。它将光线全部吸收没有任何反射。黑色是一种具有多种不同文化意义的颜色。在视觉设计中运用黑色，既可以展现品牌的高雅与时尚，又可以体现企业的成熟与稳重，很容易使消费者产生信任感。

色彩情感：高雅、热情、信心、神秘、权力、力量、死亡、罪恶、凄惨、悲伤、忧愁。

白色：白色象征高洁与明亮，在森罗万象中有深远的意境。白色，还有凸显的效果，尤其在深浓的色彩间，一道白色，几滴白点，就能起到极大的鲜明对比，将品牌很好地突出出来。

色彩情感：正义、善良、高尚、纯洁、公正、端庄、正直、少壮、悲哀、世俗。

灰色：比白色深一些，比黑色浅一些，夹在黑白两色之间。在视觉设计中适当运用灰色，既可以缓解黑色带来的沉闷感，又可以增加白色的沉稳感。

色彩情感：迷茫、实在、老实、厚硬、顽固、坚毅、执着、正派、压抑、内敛、朦胧。

白 RGB=255,255,255 CMYK=0,0,0,0	月光白 RGB=253,253,239 CMYK=2,1,9,0
雪白 RGB=233,241,246 CMYK=11,4,3,0	象牙白 RGB=255,251,240 CMYK=1,3,8,0
10% 亮灰 RGB=230,230,230 CMYK=12,9,9,0	50% 灰 RGB=102,102,102 CMYK=67,59,56,6
80% 炭灰 RGB=51,51,51 CMYK=79,74,71,45	黑 RGB=0,0,0 CMYK=93,88,89,88

3.8.2 白 & 月光白

❶ 这是一个店铺相关产品宣传的文字设计，采用中心型的构图方式。

❷ 以黑色作为背景主色调，将版面中的内容清晰明了地展现出来，而且凸显店铺的成熟与稳重，增加消费者的信赖感。

❸ 将文字以立体的形式展现，给人营造一种空间立体感。在黑白对比之中，极具时尚与扩张感。多彩的立体文字侧面，为单调的背景增添了活力与动感。

❶ 这是一款女性服饰的产品展示详情页。采用模特展示在两侧文字在中间的构图方式，将产品和文字完美展现在消费者眼前。

❷ 以月光白为主色调的背景，没有白色的纯粹，是一种比较清冷、高洁的色彩，而且其还没过多的色彩，可以将产品很好地凸显出来，不会让人有喧宾夺主的感觉。

❸ 左右两侧不同角度的模特展示，给人以一定的画面动感。

3.8.3 雪白 & 象牙白

❶ 这是一款产品的宣传广告设计。采用上下分割的构图方式，将画面效果和相关产品清晰明了地展现在消费者眼前。

❷ 采用颜色偏青的雪白色作为背景主色调，给人典雅、纯净的视觉感，而且在颜色的明暗过渡之中，让这种氛围又浓了几分。

❸ 以人们最为关心的容颜衰老为展示主图，并且通过上下的强烈对比，突出产品的强大功效。具有很强的视觉冲击力，同时也能够极大地刺激消费者的购买欲望。

❶ 这是一款夹心饼干的广告设计展示。采用上下分割的构图方式。

❷ 以偏暖色调的象牙白作为背景主色调，给人一种柔软、温和的视觉感受。由于其颜色较淡，所以可以将版面内容清晰明了地展现出来。

❸ 将饼干进行适当地放大之后摆放在画面中间位置，在下方各种卡通形象的衬托下，给人以极强的创意感与趣味性。

3.8.4　10% 亮灰 &50% 灰

❶ 这是一款手表的 Banner 设计展示效果，采用左右分割的构图方式。

❷ 采用色彩明度较高的 10% 亮灰作为背景主色调，给人以高雅、平静的视觉体验。

❸ 放置在画面右侧的产品，一个以人物佩戴的方式给人以整体的印象。另一个将表盘放大，将其内部细节显示出来，可以让消费者对产品有更加清晰的认识。将品牌字母放大处理作为主体文字，具有很好的宣传效果。

❶ 这是一个手机软件的使用说明设计效果，采用上下分割的构图方式。

❷ 以较为中性的 50% 灰作为背景主色调，给人以稳重、厚实的视觉感受。同时在少面积白色的对比下，既提高了画面的亮度，同时又让画面显得非常优雅与整洁。

❸ 手机展示以并置型的构图方式，将每个界面的具体情况和文字介绍，清晰明了地展现在消费者眼前。

3.8.5　80% 炭灰 & 黑

❶ 这是一款自行车售后相关信息的详情页，采用上下分割的构图方式。

❷ 以颜色偏深的 80% 炭灰作为背景主色调，给人以稳重、沉稳的视觉印象，而且将背景中手推自行车的人物凸现出来。

❸ 以黑色矩形作为文字展现的载体，在黑白对比中间将其清楚地呈献给广大消费者。文字与文字之间的适当留白，给受众营造了一个良好的阅读空间。

❶ 这是一款手表的详情页设计展示效果。采用倾斜的构图方式，将产品直观地进行展现，使消费者一目了然。

❷ 采用浅灰色作为背景主色调，给人以优雅、精致的视觉体验。整体以黑色为主的手表配色，具有很强的科技感。

❸ 将手表倾斜穿插在立体的展示柜中，在适当阴影的配合下，给人营造了很强的空间立体感。放大处理的表盘，让手表内部形态清楚地展现在消费者眼前。

第4章 电商美工设计中的版式

版面设计应用范畴很广，可涉及报纸、刊物、画册、书籍、海报、广告、招贴画、封面、唱片封套、产品样本、挂历、页面等各个领域。根据作品版面编排设计的不同大致可分为：中心型、对称型、骨骼型、分割型、满版型、曲线型、倾斜型、放射型、三角形、自由型，不同类型的版面设计可以为作品表达不同的情绪。

中心型

中心型是指在进行相应的电商美工设计时，把画面的构成要素，用点、线、面或体的形式，放置在画面中心位置来呈现，以造成强烈的视觉冲击力。

中心型的构图方式，将产品直接摆放在画面中间位置，一方面给消费者以清晰直观的视觉印象，使其一目了然；另一方面可以增强其对店铺的信任感与满意度，对品牌具有积极的宣传与推广作用。

特点：

◆ 将产品集中在画面中心位置，具有很强的视觉聚拢感。

◆ 适当的文字说明，提高整体的细节设计感。

◆ 周围适当的留白，让产品更加突出，同时给消费者提供了良好的阅读环境。

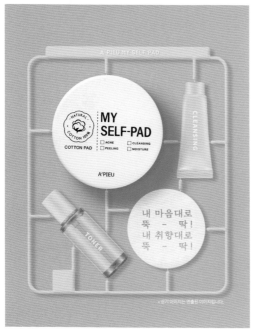

 left margin vertical text

4.1.1 高雅精致的中心型电商美工设计

在现如今网络电商迅速发展的社会，各种各样的电商充斥在我们的日常生活中。为了让产品更加突出，中心型的布局构图方式是常用的。但如果想要让产品脱颖而出，就要让其给人以精致高雅的视觉体验。

设计理念：这是一款女士手提包的详情页设计展示效果。将产品实拍效果适当放大，摆放在画面中间位置，给消费者直观的视觉印象，具有很强的视觉冲击力。

色彩点评：整体以蓝色为主色调。浅蓝色的渐变背景，一方面将产品很好地凸现出来，给人以视觉过渡感；另一方面又与产品本身色调形成鲜明的对比。

❶ 摆放在画面中间位置的产品，在周围适当留白的衬托下，十分醒目。底部投影的添加，营造了很强的空间立体感。

❷ 在手提包后方的白色主标题文字，对产品进行了相应的说明，同时提高了整个画面的亮度。

RGB=108,137,195 CMYK=68,42,7,0

RGB=47,72,163 CMYK=94,78,0,0

RGB=255,255,255 CMYK=0,0,0,0

这是一款耳机的产品详情页设计展示效果。将产品以倾斜的角度摆放在画面中间位置，使消费者一目了然。黑色的产品在浅灰色背景的衬托下，凸显其精致、时尚的特性，将其与文字进行穿插设计，特别是在耳机上方的红色字母D，在黑红的经典颜色搭配中，给人以极强的视觉冲击力。

RGB=233,237,240 CMYK=11,6,5,0

RGB=255,255,255 CMYK=0,0,0,0

RGB=209,16,16 CMYK=2,97,98,0

RGB=0,0,0 CMYK=93,88,89,80

这是一款化妆品的详情页设计展示效果。采用拼接式的背景，在对比中给人以视觉冲击力。而放在背景拼接位置的产品，在同色系的对比中十分醒目，尽显其精致与时尚，给人一种使用后皮肤会很好的视觉效果。产品前方白色矩形框内部的白色文字，对产品进行补充说明，同时具有很强的视觉聚拢感。

RGB=207,199,191 CMYK=20,22,23,0

RGB=186,74,73 CMYK=30,83,67,0

4.1.2 中心型版式的设计技巧——以产品展示为主

采用中心型的构图方式，在设计时最重要的就是将产品作为展示主图。只有这样才能吸引消费者的注意力，进而让其产生购买欲望。而文字一方面对产品进行辅助说明，另一方面可以增强整体的细节设计感。所以在设计时，一定不要本末倒置，这样不仅起不到相应的宣传效果，反而会弄巧成拙。

这是一个沙发的 Banner 设计展示效果。将产品直接放在画面中间位置，给消费者以直观的视觉印象。产品的蓝色与背景的橙色形成鲜明的颜色对比，给人以时尚但却不失家的温馨与浪漫之感。

产品上方主次分明的白色文字，对产品的宣传与推广有积极的推广作用，同时也让整体的细节效果更加丰富。

这是一个蔬菜店铺相关产品的宣传详情页设计展示效果。将产品以圆形盘子为载体，摆放在画面中间位置，具有很好的视觉聚拢感。下方超出画面，给人以视觉延展性与活跃感。

产品上方红色和青色辣椒碎块的点缀，为画面增添了一抹亮丽的色彩。白色的主标题文字，具有很好的宣传效果。

配色方案

双色配色	三色配色	四色配色

中心型版式设计赏析

第 4 章 电商美工设计中的版式

69

4.2 对称型

　　对称型构图即版面以画面中心为轴心，进行上下或左右对称编排。与此同时，对称型的构图方式可分为绝对对称型与相对对称型两种。绝对对称即上下左右两侧是完全一致的，且其图形是完美的；而相对对称即元素上下、左右、两侧略有不同，但无论横版还是竖版，版面中都会有一条中轴线。对称是一个永恒的形式，因此为避免版面过于严谨，大多数版面设计采用相对对称型构图。

特点：

◆　版面多以图形表现对称，有着平衡、稳定的视觉感受。

◆　绝对对称的版面会产生秩序感、严肃感、安静感、平和感，对称型构图也可以展现版面的经典、完美，且充满艺术性的特点。

◆　善于运用相对对称的构图方式，可避免版面过于呆板的同时，还能保留其均衡的视觉美感。

4.2.1　清新亮丽的对称型电商美工设计

　　对称型的布局构图，虽然让整体具有很强的规整性与视觉统一感，但是却存在版面单调、乏味的问题。而清新亮丽的对称型电商美工设计，一般用色比较明亮，而且在小的装饰物件的衬托下，使整个画面具有一定的动感与活力。

　　设计理念：这是一个店铺相关产品折扣的宣传详情页设计效果，采用相对对称的方式来呈现。将完整版面放在画面中间位置，十分醒目，给人以清晰直观的视觉印象。

　　色彩点评：整体以粉色为主色调，一方面与小面积的浅青色形成对比，给人以清新亮丽的视觉感受；另一方面将其他信息和图案清楚地凸现出来。

　　① 将完整的设计版式放在画面中间位置，使消费者一目了然。而在左右两侧适当缩小的半透明版式，既丰富了整体的细节效果，同时也让主体效果更加突出，使人印象深刻。

　　② 宣传版式底部投影的添加，给人营造一种很强的空间立体感。相对于平面来说，更具有宣传效果。

　　RGB=240,197,211 CMYK=0,33,7,0
　　RGB=250,236,247 CMYK=0,12,0,0
　　RGB=204,236,233 CMYK=30,0,14,0

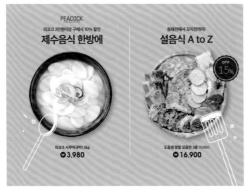

　　这是一款食品的详情页设计展示效果。左右两侧产品整体采用相同的布局方式，给人以统一和谐的视觉印象。画面中间位置简单的白色直线，具有明显的分割作用。浅红色的背景，既提高了整体的色彩亮度，又激发消费者的购买欲望。特别是两侧白色简笔画餐具的添加，为整个画面增添了趣味性。

　　■ RGB=238,189,171 CMYK=0,35,28,0
　　■ RGB=231,171,69 CMYK=3,42,80,0
　　□ RGB=255,255,255 CMYK=0,0,0,0
　　■ RGB=63,60,59 CMYK=76,72,71,40

　　这是一款蜂蜜的详情页设计展示效果。采用相对对称的构图方式，将产品以倾斜的方式摆放在画面左右两侧，十分醒目。将落未落的蜂蜜，给人以很强的食欲与视觉动感。下方超出画面的向日葵花，凸显出产品的新鲜与健康。

　　■ RGB=94,61,14 CMYK=57,77,100,35
　　■ RGB=245,221,53 CMYK=7,15,88,0
　　□ RGB=255,255,255 CMYK=0,0,0,0
　　■ RGB=201,99,41 CMYK=12,74,91,0

4.2.2 对称型版式的设计技巧——利用对称表达高端奢华感

对称的景象在生活中与设计中都较为常见，然而不同的对称方式可以展现出不同的视觉效果。绝对对称具有较强的震撼力，通常给人以奢华、端庄的完美印象，而相对对称具有较强的透气性，给人以更为活跃的视觉感受。

这是一款香水的详情页设计展示效果。采用对称型的构图方式，将产品摆放在左右相对位置，给人以直观的视觉印象。

深紫色的背景，将亮色产品很好地凸现出来。在明暗对比中，凸显出产品的精致与高雅，极具视觉冲击力。

在两款产品下方的文字，以相同的排版样式进行呈现，对产品进行了相应的说明，具有很强的统一和谐感。

这是一个店铺优惠券的设计展示效果。以中心型的构图方式，将两个完全相同的优惠券摆放在画面中间位置，在颜色对比中给人以直观清晰的视觉印象。

以青色作为背景主色调，一方面将优惠券凸现出来；另一方面在同色系珠子的衬托下，尽显店铺精致优雅但却不失时尚的经营理念。

简单的文字，既具有很强的宣传推广作用，同时提高了整体的细节设计感。

配色方案

双色配色	三色配色	四色配色

对称型版式设计赏析

骨骼型

骨骼型是一种规范的、理性的分割方式。骨骼型的基本原理是将版面刻意按照骨骼的规则，有序地分割成大小相等的空间单位。骨骼型可分为竖向通栏、双栏、三栏、四栏等，而大多版面都应用竖向分栏。在版面文字与图片的编排上，严格地按照骨骼分割比例进行编排，可以给人以严谨、和谐、理性、智能的视觉感受，常应用于新闻、企业网站等。变形骨骼构图也是骨骼型的一种，它的变化是发生在骨骼型构图基础上的，通过合并或取舍部分骨骼，寻求新的造型变化，使版面变得更加活跃。

特点：

◆ 骨骼型版面可竖向分栏，也可横向分栏，且版面编排有序、理智。

◆ 有序的分割与图文结合，会使版面更为活跃，且固有弹性。

◆ 严谨地按照骨骼型进行编排，版面具有严谨、理性的视觉感受。

4.3.1 图文结合的骨骼型电商美工设计

在现在这个快节奏的社会，相对于文字而言，人们更偏向于看图。因为看图可以给人以清晰直观的视觉印象，将信息进行直接的传达。但这并不是说文字不重要，而是要做到以图像展示为主，文字说明为辅，将图文进行完美结合，将版面的信息传达达到最大化。

设计理念：这是一个化妆品店铺相关产品的详情页设计展示效果。采用竖向分三栏的构图方式，将产品和文字进行清晰直观的呈现。

色彩点评：整体以红色为主色调，凸显店铺精致时尚的经营理念。在与其他颜色的对比中，将版面中的内容很好地凸现出来，使人一目了然。

以三个完全相同但颜色不同的矩形，作为文字展示的载体，再加上统一的文字排版格式与适当的留白，营造了一个很好的阅读空间。

将产品以不同的展示角度，放在相应的矩形上方，而且都是以内部质地进行呈现，很容易获得消费者对店铺的信赖感。

RGB=173,61,57 CMYK=27,90,82,0
RGB=242,200,222 CMYK=0,32,0,0
RGB=247,226,195 CMYK=1,16,26,0

这是店铺在圣诞节相关产品促销的详情页设计展示效果。将产品以完全相同的矩形作为展示载体，让整个版式极具整齐统一感。同时在青色背景的衬托下，给消费者直观的视觉印象。每个产品下方都配有简单的文字说明，在图文结合中将产品进行积极的宣传与推广。

RGB=0,124,122 CMYK=100,38,58,0
RGB=255,255,255 CMYK=0,0,0,0

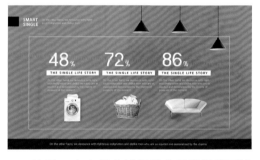

这是一个家具店铺相关产品的详情页设计效果。整体以橙色为主色调，给人营造了一种家的温馨与舒适的视觉体验氛围。将相关文字以整齐统一的竖向三分栏进行呈现，给消费者直观的视觉印象。外围的白色描边矩形框，具有很强的视觉聚拢感。同时右上角吊灯，具有很好的装饰效果。

RGB=208,115,70 CMYK=9,67,74,0
RGB=255,255,255 CMYK=0,0,0,0
RGB=16,15,14 CMYK=90,86,87,77

骨骼型版式本来就具有很强的视觉统一感，给消费者以最直观的感受。所以在对相应店铺进行美工设计时，要将产品进行直接的呈现，使消费者在看到第一眼，就对产品有清晰明了的认知。这样可以让其对店铺以及品牌产生好感度，同时激发购买的欲望。

这是一个包包店铺相关产品的详情页设计效果。将整个版面划分为多个完全相同的矩形作为产品展示的载体，使消费者对各个款式的包包都有直接的视觉印象。

在两种不同明纯度灰色的对比中，凸显出包包的精致与时尚。极大地刺激了消费者的购买欲望。右下角的白色描边矩形，打破了规整摆放的单调与沉闷感，有一种瞬间得到顺畅呼吸的视觉体验感。

这是一个服装店铺相关产品的详情页设计效果。将整个版面以矩形作为产品展示的载体，在大小变换中，给人以视觉缓冲力。

左侧的长条矩形，在淡灰色背景的衬托下，尽显产品的高雅与精致。右上角的包包展示矩形，以明纯度较高的橙色作为背景，给人以年轻活力的视觉感受。矩形外围的白色描边，在深红色背景的衬托下，十分醒目，同时也适当提高了画面整体的亮度。

配色方案

双色配色	三色配色	四色配色

骨骼型版式设计赏析

4.4 分割型

　　分割型构图可分为上下分割、左右分割和黄金比例分割。上下分割即版面上下分为两部分或多个部分，多以文字图片相结合，图片部分增强版面艺术性，文字部分提升版面理性感，使版面形成既感性又理性的视觉美感；而左右分割通常运用色块进行分割设计，为保证版面平衡、稳定，可将文字图形相互穿插，不失美感的同时又保持了重心平稳；黄金比例分割也称中外比，比值为 0.618：1，是最容易使版面产生美感的比例，也是最常见的使用比例，正因为它在建筑、美学、文艺，甚至音乐等范围内应用广泛，因此被珍贵地称为黄金分割。

　　分割型构图更重视的是艺术性与表现性，通常可以给人稳定、优美、和谐、舒适的视觉感受。

特点：

◆　　具有较强的灵活性，可左右、上下或斜向分割，同时也具有较强的视觉冲击力。

◆　　利用矩形色块分割画面，可以增强版面的层次感与空间感。

◆　　特殊的分割，可以使版面独具风格，且更具有形式美感。

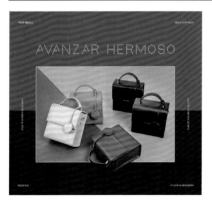

4.4.1 独具个性的分割型电商美工设计

分割型的布局构图，本身就具有很大的设计空间。在设计时可以采用横向、竖向、倾斜、横竖相结合等不同角度的分割方式，但不管怎么进行分割，整体要呈现出美感与时尚。特别是在现如今飞速发展的社会，独具个性与特征的分割型版式，具有很强的视觉吸引力。

设计理念：这是一款鞋子的详情页设计展示效果。采用倾斜分割型的构图方式，将整个画面进行分割。在变换之中将产品直观地呈现在消费者眼前。

色彩点评：整体以青色和红色作为背景主色调，在不同分割图形的变化中，给人以视觉冲击力。而且不同颜色的对比，让整个版面具有独特的时尚美感。

● 右下角的两个分割图形，与画面中间位置的白色矩形，构成一个极具立体感的产品展示载体。好像有一个推力，将产品瞬间展现出来。

● 虽然产品占据的版面较小，但在较大的文字与对比色的烘托下，让整个设计极具醒目感，具有积极的宣传与推广效果。

RGB=174,248,248 CMYK=44,0,16,0
RGB=229,136,138 CMYK=0,60,33,0
RGB=255,255,255 CMYK=0,0,0,0

这是一个宠物店铺产品的详情页设计效果。采用两个倾斜的黄色矩形，将整个版面进行分割。在深色背景的衬托下十分醒目，具有很强的宣传效果。放在画面中间位置的小狗，同时与文字进行穿插，给人以空间立体感与趣味性。其他小文字进行了相应的说明，同时丰富了整体的细节效果。

■ RGB=44,44,53 CMYK=84,81,67,49
□ RGB=255,255,255 CMYK=0,0,0,0
■ RGB=239,203,56 CMYK=6,25,87,0

这是不同款式鞋子的详情页设计展示效果。采用左中右等分的分割方式，将产品进行清晰直观的视觉呈现。在整个版面中通过不同颜色之间的对比，既将鞋子很好地凸显出来，同时也给人以视觉冲击力，具有很强的个性与时尚美感。在画面中间部位较大字体的文字，具有积极的宣传效果。

■ RGB=246,222,55 CMYK=6,14,87,0
■ RGB=128,202,228 CMYK=63,0,15,0
□ RGB=255,255,255 CMYK=0,0,0,0
■ RGB=234,166,249 CMYK=15,42,0,0

第 4 章 电商美工设计中的版式

77

4.4.2 分割型版面的设计技巧——注重色调一致性

画面色彩是整个版面的第一视觉语言。色调或明或暗、或冷或暖、或鲜或灰都是表现对版面总体把握的一个手段，五颜六色总会给人以眼花缭乱的视觉感受，而版面色调和谐统一，颜色之间你中有我，我中有你，就会使画面形成一种舒适的视觉美感。

这是一款护肤品的详情页设计展示效果。将整个版面垂直分割为三个部分，作为不同产品展示的载体。

每一个产品展示的小背景，均采用产品本身颜色作为主色调。一方面给人以统一整齐的视觉感受；另一方面在不同颜色的对比中，将各个产品都清楚地凸现出来。

这是一个蔬菜店铺相关产品的详情页设计效果。采用倾斜的分割方式，将版面一分为二，将产品进行分别的呈现。

整个分割背景以蔬菜本身不同明纯度的绿色作为主色调，再结合摆放的蔬菜，将其新鲜健康的特性凸显出来，给人以颜色协调统一的舒适美感。

配色方案

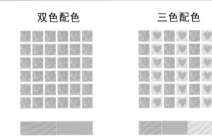

双色配色　　　　　三色配色　　　　　四色配色

分割型版式设计赏析

4.5 满版型

满版型构图即以主体图像填充整个版面，且文字可放置在版面各个位置。满版型的版面主要以图片来传达主题信息，以最直观的表达方式，向众人展示其主题思想。满版式构图具有较强的视觉冲击力，且细节内容丰富，版面饱满，给人以大方、舒展、直白的视觉感受。图片与文字相结合，既可以提升版面层次感，同时也增强了版面的视觉感染力以及版面宣传力度，是商业类版面设计常用的构图方式。

特点：

◆ 多以图像或场景充满整个版面，具有丰富饱满的视觉效果。

◆ 拥有独特的传达信息特点。

◆ 文字编排可以体现版面的空间感与层次感。

◆ 单个对象突出，具有视觉冲击力。

◆ 凸显产品细节，增强消费者的信赖感与好感度。

4.5.1 凸显产品细节的满版式电商美工设计

满版式的构图方式一般展现的是产品整体概貌，消费者对产品细节不能有较为清晰的认识。所以在设计时可以将产品的细节效果作为展示主图，这样不仅可以让消费者对产品有更加清楚直观的了解，同时也可以增强其对店铺以及品牌的信赖感，进而激发购买欲望。

设计理念：这是一款食品的详情页设计效果。将产品放大后作为展示主图，让产品上方的每个水果粒都清晰可见，具有很强的视觉冲击力，最大限度地激发了消费者的购买欲望。

色彩点评：整体以紫色为主色调，将产品很好地凸现出来。同时与右上角的其他颜色形成对比，让整个画面具有鲜活的活跃动感。

🔵 将产品以倾斜的角度进行摆放，可以让更多的细节凸现出来。在适当投影的衬托下，营造了很强的空间立体感。

🔵 左下角主次分明的文字，对产品有积极的宣传图推广效果。周围简单的线条装饰，为画面增添了一定的趣味性。

◼ RGB=133,78,162 CMYK=60,78,2,0
◼ RGB=190,125,27 CMYK=23,59,100,0
☐ RGB=255,255,255 CMYK=0,0,0,0

这是一款墨镜的宣传 Banner 设计效果。将人物佩戴效果作为展示主图，给消费者以清晰直观的视觉印象。将其适当放大，一方面使消费者了解到产品的更多细节；另一方面超出画面的部分，具有很强的视觉延展性。左下角简单的文字，丰富了整体的细节设计感。

◼ RGB=217,164,39 CMYK=12,42,94,0
◼ RGB=122,72,203 CMYK=66,77,0,0
☐ RGB=255,255,255 CMYK=0,0,0,0
◼ RGB=163,138,54 CMYK=41,47,95,0

这是一款化妆品的详情页设计展示效果。将放大产品直接放在画面中间位置，可以让消费者直观地感受到产品的质地与细节，具有直观的视觉印象。使用产品绘制的直线，在黑色背景的衬托下十分醒目，具有很强的视觉冲击力。

◼ RGB=17,19,17 CMYK=90,84,86,75
☐ RGB=255,255,255 CMYK=0,0,0,0
◼ RGB=141,50,51 CMYK=42,94,88,7

4.5.2 满版型版式的设计技巧——增添创意与趣味性

创意是整个版面的设计灵魂，只有抓住众人的阅读心理，才能达到更好的宣传效果。在对满版式的电商美工进行设计时，一方面要将产品进行清晰直观的展示，使消费者一目了然；另一方面适当增加画面的创意点与趣味性，让其从众多的电商中脱颖而出。

这是夏日防晒产品的宣传海报设计效果。采用满版式的构图方式，将产品直接展现在消费者眼前，使其一目了然。

以夏日海滩景象作为背景，将产品凸现出来，同时给人以在海边度假的身临其境之感，顿时心情得到极大的放松。

放大的产品以竖立的方式进行呈现，而且在旁边缩小椰树、躺椅等物品的陪衬下，给人一种产品可以为我们提供一个很好的保护屏障，具有很强的创意与趣味性。

这是一个电商产品促销倒计时的详情页设计效果。将流沙作为展示主图，以直观的形式提示消费者促销时间的短暂。相比于单纯的文字来说，更具有创意性与宣传效果。

旁边将促销时间以较大字号进行呈现，而且将字母 O 替换为钟表形状，将信息进行了直观的传达。

整体渐变的金色背景与适当光照效果的运用，凸显出产品的精致高雅与店铺不乏时尚的文化经营理念。

配色方案

双色配色	三色配色	四色配色
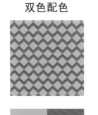		

满版型版式设计赏析

4.6 曲线型

曲线型构图就是在版式设计中通过对线条、色彩、形体、方向等视觉元素的变形与设计，使人的视线按照曲线的走向流动，给人以一定的节奏韵律感。其一般具有延展、变化的特点。曲线型版式设计具有流动、活跃、顺畅、轻快的视觉特征，通常遵循美的原理法则，且具有一定的秩序性，给人以雅致、流畅的视觉感受。

特点：

◆ 版面多数以图片与文字相结合，具有较强的呼吸性。

◆ 曲线的视觉流程，可以增强版面的韵律感，进而使画面产生优美、雅致的美感。

◆ 曲线与弧形相结合可使画面更富有活力。

4.6.1 具有情感共鸣的曲线型电商美工设计

由于曲线畅快随性的特征，使用该类型为相应的电商美工进行布局构图，一般给人以比较雅致流畅的视觉体验。由于产品和颜色本身就具有相应的情感，所以在适当曲线的衬托下会与消费者形成一定的情感共鸣。

设计理念：这是一款护肤品的详情页设计展示效果。采用曲线型的构图方式，以产品的内部质地作为背景展示主图，在柔和的曲线过渡中给人以清晰直观的视觉印象。

色彩点评：以淡黄色产品质地作为主色调，给人一种使用产品可以让皮肤变得水润光滑的视觉感。而且在少面积橙色的运用下，凸显出产品的柔和亲肤与精致高雅。

🔵 作为背景的产品内部效果，好像从右侧产品中自然涌出一样，具有很强的视觉动感，而且整体颜色色调相一致，让整个版面整齐统一。

🔵 主次分明的文字，对产品进行了相应的解释与说明，同时也丰富了整体的细节设计效果。

■ RGB=238,231,196 CMYK=8,10,28,0
■ RGB=190,118,30 CMYK=22,63,100,0
■ RGB=17,19,17 CMYK=90,84,86,75

这是一款手机的宣传 Banner 设计展示效果。以层层叠加的曲线作为背景，在各种亮丽颜色的过渡中，凸显产品的高科技与智能化。而且具有很强的视觉冲击力，使人印象深刻。以倾斜方式摆放在画面右侧的手机，与曲线背景形成一定的稳定性。右侧白色的主标题文字，适当缓和了画面颜色亮丽造成的视觉疲劳，同时对产品具有很好的说明和宣传作用。

■ RGB=197,70,48 CMYK=13,86,85,0
■ RGB=181,105,248 CMYK=45,61,0,0
□ RGB=255,255,255 CMYK=0,0,0,0
■ RGB=77,64,232 CMYK=82,74,0,0

这是一款食品的详情页设计展示效果。将产品适当放大后放在画面中间位置作为展示主图，而且产品中间夹心在掰开瞬间的流动效果，具有很强的食欲刺激感。画面最上方曲线效果的食品，让这种氛围又浓了几分。手写的白色文字，在随意之间又不失美感。

■ RGB=146,93,53 CMYK=43,72,92,5
■ RGB=218,182,75 CMYK=15,33,80,0

4.6.2 曲线型版式的设计技巧——营造立体空间感

在使用曲线型布局构图方式进行设计时，一定要注意立体空间感的营造。因为曲线图形之间的相互交叉或叠加，一般给人以平面的感觉。但在现如今飞速发展的社会，人们更加追求立体效果。这样不仅有利于产品的展示，同时也会给消费者带去一定的视觉冲击力，增强其进行购买的欲望。

这是一款画板的 Banner 设计展示效果。以人物滑动的姿势作为展示主图，给消费者以直观的视觉印象。在后侧具有视觉收缩效果的曲线衬托下，给人营造了很强的空间立体感与视觉体验感。

淡色的背景将主体物凸现出来，而且在人物橘色头发的对比中，让画面极具活跃的动感氛围。

左侧主次分明的文字，对产品进行了相应的说明，同时增强了整体的细节设计感。

这是一款游戏虚拟货币收支波动情况的详情页设计效果。画面下方波动的曲线，将货币的收支情况进行清楚直接的呈现，使人一目了然。同时不同透明度的运用，让整个效果具有很强的立体感。

曲线以橙色作为主色调，给人以玩游戏的活跃积极性。同时紫色背景的运用，在对比之中又使人产生一定的理智与冷静。

简单的白色文字，既对产品进行了解释与说明，同时也让左侧位置不至于显得过于空白。

配色方案

双色配色	三色配色	四色配色

曲线型构图版式设计赏析

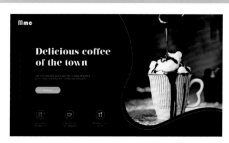

4.7 倾斜型

倾斜型构图即将版面中的主体形象或图像、文字等视觉元素按照斜向的视觉流程进行编排设计，使版面产生强烈的动感和不安定感，是一种非常个性的构图方式。

在运用倾斜型构图时，要严格按照主题内容来掌控版面元素倾斜程度与重心，进而使版面整体既理性又不失动感。

特点：

◆ 将版面主体图形按照斜向的视觉流程进行编排，画面动感十足。

◆ 版面倾斜不稳定，却具有较为强烈的节奏感，能给人留下深刻的视觉印象。

◆ 倾斜文字与人物相结合，具有时尚感。

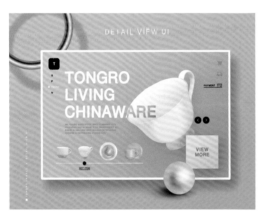

4.7.1 动感活跃的倾斜型电商美工设计

正常来说，倾斜型的构图布局本身就具有较强的不稳定性，容易给人以劲爽、霸气同时又充满活跃动感的视觉体验。所以在进行设计时，要将其这一特性凸现出来，使画面一目了然，进而让消费者对其产生兴趣，增强其宣传力度与购买力。

设计理念：这是一款马卡龙的 Banner 设计展示效果。将产品以倾斜的方式横穿整个版面，而且在少量产品掉落细屑的衬托下，给消费者以很强的视觉动感，使其印象深刻。

色彩点评：整体以青色为主色调，一方面将产品很好地凸现出来；另一方面与产品本身颜色形成对比，给人营造一种轻松活跃的视觉氛围。

① 以不同角度呈现并适当放大的产品，将细节效果直接传达给广大消费者，而且在投影的烘托下，让整个画面具有很强的空间立体感。

② 在画面最前方的白色手写文字，与产品的动感效果相呼应，具有很好的宣传作用。

RGB=142,191,196 CMYK=57,10,27,0
RGB=233,192,82 CMYK=7,30,77,0
RGB=209,71,69 CMYK=4,85,68,0

这是一款化妆品的详情页设计展示效果。将产品以倾斜的方式摆放在画面右侧，而且在水花四溅的背景的衬托下，给人以极强的视觉活跃感。同时也让消费者有一种使用该产品后可以让皮肤更加水润的感受。左侧主次分明的文字，对产品进行了说明。同时文字之间的留白，营造了很好的阅读空间。

RGB=230,242,248 CMYK=15,1,3,0
RGB=107,153,178 CMYK=70,30,26,0
RGB=50,63,72 CMYK=87,73,63,32

这是一款鞋子的详情页设计展示效果。将产品以倾斜的角度进行呈现，同时在拼接背景的衬托下，给人以很强的视觉活跃动感。将文字与产品进行穿插放置，而且在适当投影效果的红烘托下，营造出一种空间的立体感，特别是背景半透明状态的鞋子，让这种氛围又浓了几分。

RGB=124,191,253 CMYK=61,11,0,0
RGB=46,53,63 CMYK=87,78,64,40
RGB=255,255,255 CMYK=0,0,0,0
RGB=225,214,209 CMYK=12,18,16,0

4.7.2　倾斜型版式的设计技巧——注重版面的简洁性

简洁即版面简明扼要，目的明确，且没有多余内容。在某种特殊情况下，简洁与简单较为相似，但简洁不等于简单。在设计审美视角来讲，版面的隐性信息多于显性信息，可以给人更多的遐想空间，总能给人神秘、醒目、优雅的视觉印象。

这是一款手机的详情页设计展示效果。将产品以不同角度倾斜的方式摆放在画面右侧，既给消费者以清晰直观的视觉印象，而且让画面整体处于一个稳定的状态。

紫色到蓝色渐变过渡的背景，既与手机本色相呼应，同时给人以很强的科技与智能并存的视觉体验。整个版面设计简洁整齐，给消费者营造了一个很好的阅读空间。

左侧简单的文字，对产品进行了相应的解释与说明，具有很好的宣传与推广作用。

这是一款蜂蜜的详情页设计展示效果。画面右侧倾斜摆放的产品，在流动蜂蜜的衬托下，具有很强的视觉动感与满满的食欲诱惑力。

同色系的拼接背景，在不同明纯度的对比中，将产品很好地凸现出来，同时也让消费者的视觉得到一定的缓冲。

经过特殊设计的白色缩写字母，选择与产品相同的倾斜角度，呈现出整体统一的感受，而其他文字具有解释说明与宣传产品的效果。

配色方案

双色配色　　　　　三色配色　　　　　四色配色

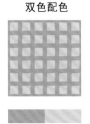

倾斜型版式设计赏析

4.8 放射型

　　放射型构图即按照一定的规律，将版面中的大部分视觉元素从某点向外散射，进而营造出较强的空间感与视觉冲击力。

　　放射型构图有着由外而内的聚集感与由内而外的散发感，可以使版面视觉中心具有较强的突出感。

特点：

◆　版面以散射点为重心，向外或向内散射，可使版面层次分明，且主题明确，视觉重心一目了然。

◆　散射型的版面，具有很强的空间立体感。

◆　散射点的散发可以增强版面的饱满感，给人以细节丰富的视觉感受。

4.8.1　具有爆炸效果的放射型电商美工设计

　　放射型的布局构图，一般由一点由内向外或者由外向内进行散射。特别是由内向外的散射方式，给人以具有爆炸效果的视觉冲击力。所以在设计时可以将该特性进行着重凸显，这样不仅可以增强版面的趣味性与吸引力，同时也可以给消费者带去刺激的视觉体验。

　　设计理念：这是一款产品的宣传海报设计展示效果。将产品放在画面中心位置，而在其后方将细小的金色颗粒以爆炸放射的方式，做释放处理，具有极强的视觉冲击力。

　　色彩点评：整体以深色为主色调，一方面与金色形成对比，将其清楚直观地凸现出来；另一方面凸显出店铺成熟稳重但却不失时尚的经营理念。

　　🔘金色的产品，给人以奢华精致的视觉感受，而且在适当光照的衬托下，让正宗氛围又浓了几分。特别是后方的放射型金色背景，具有强烈的爆发力。

　　🔘主次分明的文字，既对产品进行了相应的解释与说明，同时又丰富了整体的细节设计感。

　　■ RGB=15,15,19 CMYK=91,87,83,75
　　■ RGB=218,167,75 CMYK=11,42,78,0
　　■ RGB=164,130,77 CMYK=39,53,78,0

　　这是一款护肤品的详情页设计展示效果。将产品摆放在画面中间位置，而且滴管中将落未落的产品，给人以很强的视觉动感。产品后方放射出来的红色针状物，给人一种强烈的爆炸感和皮肤穿透力，凸显出产品优秀的吸收效果。少面积绿色叶子的装饰，给人以产品绿色健康的感受。

　　■ RGB=185,46,133 CMYK=20,91,12,0
　　□ RGB=255,255,255 CMYK=0,0,0,0
　　■ RGB=51,82,68 CMYK=89,58,78,27
　　■ RGB=121,1,45 CMYK=47,100,87,18

　　这是一个店铺文字宣传的详情页设计展示效果。将宣传文字以适当倾斜的方式摆放在画面中间位置，而且在红色底色的衬托下十分醒目，具有很好的宣传效果。将大小不一的几何图形以放射的方式摆放在文字周围，给人以很强的视觉爆炸感，而且具有相同效果的背景，让这种氛围又浓了几分。

　　■ RGB=78,138,148 CMYK=73,38,40,0
　　□ RGB=255,255,255 CMYK=0,0,0,0
　　■ RGB=157,21,55 CMYK=35,100,81,2
　　■ RGB=236,196,76 CMYK=6,29,78,0

4.8.2 放射型版式的设计技巧——凸显产品特性

放射型的布局构图方式，除了给消费者带去强烈的视觉冲击力之外，还可以借助相应的放射物件，来间接凸显产品的特性与功能。但是在设计时，不能为了博人眼球，而选择一些过于夸张的装饰品。这样不仅达不到预期效果，反而会给人留下浮夸、格调低下的印象。

这是一款护肤品的详情页设计展示效果。将产品放在画面中间位置，十分醒目，而且在水花四溅背景的衬托下，凸显出产品强大的补水功能。

蓝色系的主色调，一方面与产品本色相呼应，具有统一和谐的视觉体验；另一方面给人以亲肤、清爽的视觉体验效果。

主次分明的文字，对产品进行了相应的解释与说明，同时也丰富了整体的细节效果。

这是一款化妆品的详情页设计展示效果。将产品放置在画面中心位置，既展现了其原貌，同时也让消费者对其内部质地有一个直观的视觉印象。

产品后方飘散的放射状背景，凸显出产品具有持久留香的特性，而且在粉色背景的衬托下，给人以精致优雅的感受，与广大女性消费者的心理相吻合。

简单的文字对产品进行说明，同时让整个版面具有很强的细节设计感。

配色方案

双色配色　　　　　　　三色配色　　　　　　　四色配色

放射型版式设计赏析

4.9 三角形

　　三角形构图即将主要视觉元素放置在版面中某三个重要位置，使其在视觉特征上形成三角形。在所有图形中，三角形是极具稳定性的图形。而三角形构图还可分为正三角、倒三角和斜三角三种构图方式，且三种构图方式有着截然不同的视觉特征。正三角形构图可使版面稳定感、安全感十足；而倒三角形与斜三角形则可使版面形成不稳定因素，给人以充满动感的视觉感受。为避免版面过于严谨，设计师通常较为青睐于斜三角形的构图形式。

　　特点：

◆　版面中的重要视觉元素形成三角形，有着均衡、平稳却不失灵活的视觉特征。

◆　正三角形构图具有超强的安全感。

◆　版面构图方式言简意赅，备受设计师的青睐。

4.9.1 极具稳定趣味的三角形电商美工设计

三角形的构图方式，本身就具有很强的稳定性，但却存在着容易使版面呈现出枯燥乏味的视觉感受。所以在设计时，可以将三角形进行适当的倾斜旋转，或者运用一些具有趣味性的装饰物件，来吸引消费者的注意力，进而激发其进行购买的欲望。

设计理念：这是一款食品的宣传广告设计展示效果。将不同颜色的三角形以倾斜角度，摆放在画面中间位置，十分醒目，而且在最前方跳跃人物的陪衬下，给人以强烈的视觉动感。

色彩点评：整体以紫色为主色调，既与产品包装颜色相一致，给人以视觉统一感，而且在与三角形色彩的对比中，将主体物完美地凸显出来。

画面中间位置跳跃的人物，具有很强的青春活力感，而且也从侧面凸显出食品带给人的满足感与极好的味蕾体验。

手写的文字与简笔画装饰的简单图案，既对产品进行了说明，又为画面增添了一定的趣味性。

RGB=84,43,138 CMYK=78,96,5,0
RGB=222,87,104 CMYK=0,79,44,0
RGB=223,152,36 CMYK=5,51,93,0

这是一个家用工具的宣传海报设计效果。将两个产品以对称的方式摆放在一起，构成一个稳定的三角形画面。同时又好像人在跳舞一样，具有很强的视觉动感与趣味性。以不同明纯度的洋红色作为背景主色调，在渐变过渡中营造了空间立体感。左侧主次分明的文字，具有解释说明作用。

RGB=133,29,68 CMYK=46,100,67,8
RGB=217,123,163 CMYK=5,65,12,0
RGB=255,255,255 CMYK=0,0,0,0

这是一款护肤品的详情页设计展示效果。将产品放置在三角立体图形的一个棱上，具有很强的视觉冲击力。在稳定与动态的对比中，为画面增添了较强的趣味性。同时也凸显出产品即使在不稳定的状态下，也能有强大的效果。右侧左对齐的文字，让整个版式整齐统一。

RGB=113,176,229 CMYK=67,17,4,0
RGB=255,255,255 CMYK=0,0,0,0
RGB=215,210,98 CMYK=22,14,74,0
RGB=96,142,206 CMYK=73,37,4,0

色调即版面整体的色彩倾向，不同的色彩有着不同的视觉语言和色彩性格。在版面中，利用对比色将主体物清晰明了地凸现出来，这样既可以让消费者对产品以及文字有直观的视觉印象，同时也大大提升了产品的促销效果。

这是一款灯具的宣传 Banner 设计展示效果。

青色渐变的背景与产品形成对比，将其直接凸显出来，十分醒目，使消费者一目了然。

由于整体版式设计比较简单，将三角形外观的吊灯直接摆放在画面右侧。再加上适当的放大处理，甚至可以让消费者直接感受到灯罩的材质效果。

左侧简单的白色文字，既对产品进行了解释与说明，同时也丰富了整体的细节设计效果。

这是一款产品的 Banner 设计展示效果。在画面中间位置以倒置的三角形，作为文字集中呈现的小背景。

三角形的红色与背景的青色，形成鲜明的颜色对比，一方面将版面内容直接明了地凸现出来；另一方面让消费者的视觉得到一定程度的缓冲。

左右两侧图案的装饰，既为画面增添了亮丽的色彩，同时也让画面效果不至于空洞乏味。

配色方案

双色配色	三色配色	四色配色

三角形版式设计赏析

4.10 自由型

　　自由型构图是没有任何限制的版式设计，即在版面构图中不需要遵循任何规律，对版面中的视觉元素进行宏观把控。准确地把握整体协调性，可以使版面产生活泼、轻快、多变的视觉特点。自由型构图具有较强的多变性，且具有不拘一格的特点，是最能够展现创意的构图方式之一。

　　特点：

◆　自由、随性的编排，具有轻快、随和的特点。

◆　图形、文字的创意编排与设计，使版面别具一格。

◆　灵活掌控版面协调性，可使版面更为生动、活泼。

4.10.1　活泼时尚的自由型电商美工设计

　　自由型的布局构图比较随意，没有其他不同类型那么多的限制，但这并不是说在设计时可以随意进行，不讲究任何策略与方法。由于其自由的特性，我们在设计时可以适当提高画面的活泼程度。这样既可以让整体具有较强的吸引力，同时也激发消费者的购买欲望。

　　设计理念：这是一款防晒产品的详情页设计展示效果。将产品以倾斜的方式摆放在画面中，而且在其他相关内容的衬托下，凸显出产品的特性与浓浓的度假氛围。

　　色彩点评：整体以黄色和蓝色为主色调，在鲜明的对比中将产品很好地凸现出来，同时给人以清新活泼的视觉感受与假期的闲适和浪漫。

　　❶产品下方的条纹背景，给人一种即使进行日光浴，也有产品进行保护的轻松愉悦心情。其他简笔画图案的装饰，让整体画面具有较强的趣味性。

　　❷画面上方简单的文字，对产品进行了相应的解释与说明，同时增强了整体的细节设计感。

- RGB=247,232,124　CMYK=6,10,62,0
- RGB=76,135,191　CMYK=9,37,67,0
- RGB=166,17,89　CMYK=31,100,48,0

　　这是一款沙发的详情页设计展示效果。将产品清晰直观地摆放在画面下方位置，同时在底部投影的衬托下，营造了很强的空间立体感。紫色的背景与绿色沙发在颜色对比中，既将产品直接展现出来，给人以活泼时尚之感；同时凸显出产品的精致与高雅。产品后方的白色文字，对产品有很好的宣传作用。

- RGB=129,105,247　CMYK=65,62,0,0
- RGB=255,255,255　CMYK=0,0,0,0
- RGB=86,153,53　CMYK=80,20,100,0

　　这是一款蔬菜的详情页设计展示效果。将产品与餐厅服务生上菜的方式进行呈现，具有很强的趣味性。超出画面的人物服饰与餐巾，从侧面凸显出产品的绿色与健康。右侧将主标题文字以大号字体进行呈现，具有很好的宣传效果，而其他文字则具有补充说明与丰富画面细节效果的作用。

- RGB=152,216,205　CMYK=54,0,29,0
- RGB=119,146,37　CMYK=66,32,100,0
- RGB=255,255,255　CMYK=0,0,0,0
- RGB=42,42,40　CMYK=81,76,78,58

4.10.2 自由型版面的设计技巧——运用色调营造主题氛围

色调即版面整体的色彩倾向，不同的色彩有着不同的视觉语言和色彩性格。在版面中，利用色彩的主观性来决定版面的色彩属性。主题对色调起着主导性作用，因此要根据主题情感，再决定版面的主体色调与整体色调。

这是一款护肤品的详情页设计展示效果。以不同明纯度的绿作为背景主色调，在渐变过渡中，将产品直接凸显出来，而且也凸显出产品亲肤柔和的特性与店铺注重环保的经营理念。

产品以不同的高度进行展示，给消费者以直观清楚的视觉印象，而且淡色的包装，在深色的背景下十分醒目。

最下方的白色文字，既对产品进行相应的说明，同时也提高了画面的亮度。

这是一个店铺相关产品的详情页设计展示效果。将产品以直立的方式在画面中间位置呈现，给消费者清晰直观的视觉印象。

深色的背景将产品直接呈现出来，而且也给人以稳重时尚的视觉感受。产品在适当光照的作用下，凸显出其具有的精致优雅。

画面上方主次分明的文字，对产品进行解释与说明。将购买文字以橙色矩形作为背景，既将信息进行十分醒目的传达，同时也为画面增添了一抹亮丽的色彩。

配色方案

双色配色	三色配色	四色配色

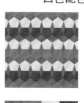

自由型版式设计赏析

第5章 电商美工设计的行业分类

电商美工设计的行业分类有很多种，大致可以分为：服饰类、鞋靴类、箱包类、家电数码类、美妆类、美食类、母婴玩具类、生鲜类、家居类、奢侈品类、虚拟产品类、汽车类等。

◆ 服饰类电商美工设计重在展现产品的外观形象、实用性与时尚美感。

◆ 鞋靴类电商美工设计会根据不同的性别、季节、用途等来选择相匹配的色彩与配饰。如夏季用凉爽的色彩；男性多用深色来凸显成熟与稳重等。

◆ 箱包类电商美工设计多以展现使用者的气质、文化内涵、对时尚的追求等。

◆ 家电数码类电商美工设计要突出产品的科技感与耐用性。一般采用较为沉重的色块或者金属色，以示其坚实、神奇和精密的感觉。

◆ 美妆类电商美工设计要突出安全与美丽，一般多用中性的、柔和的粉红、粉绿、淡紫等色彩。

◆ 美食类电商美工设计要突出安全与营养，一般采用食物的固有色来表现。如橙汁为橘黄色，葡萄为葡萄紫或绿色，玉米为黄色等。

◆ 母婴玩具类电商美工设计注重安全与健康，一般采用较为柔和的色彩。

◆ 生鲜类电商美工设计特别注重产品的新鲜程度与安全。所以一般以食物原本的面貌来呈现，不掺杂任何其他装饰与色彩。

◆ 家居类电商美工设计要重点凸显家的温馨与柔和，同时还要兼顾产品的实用性。

◆ 奢侈品类电商美工设计主要给人高端奢华的视觉体验。

◆ 虚拟产品类电商美工设计要根据产品的类型来进行，一般重在引导消费者进行消费。

◆ 汽车类电商美工设计注重车的整体外观与安全，以及带给消费者的视觉冲击力。

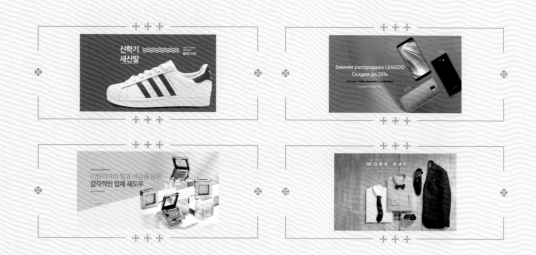

5.1 服饰类电商美工设计

    如今服饰类的电商美工设计种类有很多，想要让产品在众多设计中脱颖而出，就必须最大限度地展现产品特性。根据店铺自身特点进行量身定做，用更夸张、更创意、更意想不到的手法来展现。

    在现在这个迅速发展的大时代下，每天都有各种各样的品牌充斥在我们的生活中。而要想一个店铺的服饰类电商美工设计从众多的设计中脱颖而出，就要看该店铺的视觉设计是否新颖、是否紧跟潮流、是否让消费者看后印象深刻、是否有良好的质量，等等。

特点：

◆   具有较强的文化特色。

◆   可以展现出独特的店铺风格。

◆   具有丰富的创造力。

◆   多样的形式设计。

◆   具有较高的辨识度。

◆   产品有足够的细节展示。

5.1.1 活泼清新风格的服饰类电商美工设计

活泼清新风格就是让店铺的装修展示效果呈现出清新与脱俗之感，同时又使得整体设计在清新之中又不失时尚与高雅，具有让人意想不到的独特美感。这种风格具有一定的兴奋度，富有活力，同时也能让人产生幸福的感觉。

设计理念：采用骨骼型的构图方式，将模特实景拍摄效果作为展示主图，给消费者以清晰直观的视觉认识。再配合适当的投影，给画面营造了很强的空间立体感。

色彩点评：

👩 整个设计以浅橘色为主色调，表现出店铺的清新与时尚。同时在少面积白色的对比中，将模特很好地凸现出来。

👩 画面中模特的独特造型姿势，让整个画面动感十足。同时在浅色服饰的衬托下，尽显活泼与清新之感。让人眼前一亮，印象深刻。

👩 左下角大号字体的深色文字，对品牌具有很好的宣传与推广作用。而其他文字，对产品进行相应的解释与说明，同时也丰富了整个版面的细节效果。

RGB=227,213,206 CMYK=11,19,17,0
RGB=255,255,255 CMYK=0,0,0,0
RGB=175,133,117 CMYK=31,54,51,0

这是一个服装店铺相关产品的详情页展示效果。以紫色为主色调，与服饰的灰色形成对比，将其很好地凸现出来。模特后方的几何图形与其他的装饰性小图案，打破了画面的单调与乏味，给人以趣味性与活泼的动感。最前方的白色文字，具有很好的宣传效果，同时提高了画面的亮度。

RGB=221,196,220 CMYK=11,29,2,0
RGB=202,199,205 CMYK=23,20,15,0
RGB=229,159,90 CMYK=1,49,67,0
RGB=215,151,208 CMYK=13,51,0,0

这是一个袜子店铺相关产品的宣传详情页效果。将整个版面一分为二，而且采用浅蓝色和浅粉色作为背景主色调，在对比之中给人以清新的活泼感。看似随意摆放的产品，却给人以别样的美感，而且镂空文字的运用，极具宣传与推广效果。

RGB=191,208,251 CMYK=31,15,0,0
RGB=235,215,212 CMYK=5,20,13,0

5.1.2 服饰类电商美工的设计技巧——注重整体画面的协调统一

在对服饰类电商美工进行设计时，要利用画面整体的配色，给消费者传达信息。只有画面整体配色和谐，比例适当才会增加消费者的视觉舒适度，进而提高消费欲望。

这是一款女性服饰的详情页展示效果。采用左右分割的构图方式，将产品和文字清晰直观地展现在消费者眼前。左侧大笑的模特给人以很强的视觉感染力，而且背景色和飘动的花瓣与服饰整体在一个色调上，协调统一。同时文字的矩形底色也采用相同的粉色调，再配以黑色的宣传文字，让整个画面极具宣传效果。

这是一款服饰的宣传 Banner 设计展示效果。将产品作为展示主图，给人以直接明了的视觉印象。一方面向消费者展示了产品的立体着装效果，同时相同色系和图案的包装盒，给人以极强的视觉统一感。特别是小面积红色的点缀，既给单调的画面增添了一抹亮丽的色彩，而且给消费者以视觉冲击力。右侧将文字摆放在矩形框内，具有很好的视觉聚拢感。

配色方案

双色配色　　　三色配色　　　四色配色

佳作欣赏

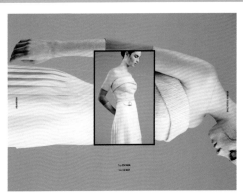

5.2 鞋靴类电商美工设计

　　鞋子是我们不可缺少的日用品，无论我们干什么工作，去什么地方，哪怕只是走一走都需要穿鞋子。尽管如此，但在我们买鞋子时还是要进行挑选。一款好的鞋子，如果没有一个高颜值的展示品台，也不会有好的销售量。所以说，在现代这个看颜值的社会，店铺的装修设计是至关重要的。

　　鞋靴类的电商美工设计可以分为很多种类。例如，适合运动健身穿的运动鞋；适合户外登山、野营的登山鞋；彰显穿着者身份与地位的高规格皮鞋；甚至在家里穿的居家拖鞋等。

特点：

◆　不同种类的鞋子有不同的风格。

◆　以展示产品为主，给人以直观的视觉体验。

◆　品牌特色浓重，最大限度地凸显特色。

◆　注重产品细节的展示。

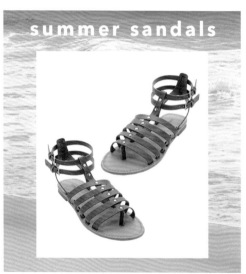

5.2.1　优雅精致的鞋靴类电商美工设计

在整个鞋靴类的电商美工设计中，优雅精致类的风格居多。因为随着经济水平的提高，人们除了对穿鞋舒适度的要求之外，更加注重整体的视觉效果。一款优雅精致的鞋子不仅让穿着者舒心，彰显其品位，同时更为观看者带去美的享受。

设计理念：这是一个女士鞋子店铺相关产品的宣传广告设计展示效果。采用满版式的构图方式，将产品直接展现在消费者眼前，而且在适当投影的衬托下，给人以很强的空间立体感。

色彩点评：将明纯度较低的浅灰色作为背景主色调，一方面将产品凸现出来；另一方面给人以女性优雅与精致的时尚感。

将鞋子以不同的角度进行摆放，可以让消费者对产品细节有清楚的视觉印象。右上角和左下角的包包，给人提供了搭配的样式与灵感。

鞋子上方的白色文字，以较大的字号对产品进行宣传，而其他文字则进行了相应的解释与说明，让整个版面的细节效果更加丰富。

- RGB=223,217,210 CMYK=14,15,16,0
- RGB=158,88,61 CMYK=37,77,83,2
- RGB=217,212,209 CMYK=16,16,16,0

这是一款鞋子的详情页设计展示效果。采用上下分割的构图方式，将鞋子借助展示架给消费者以直观的视觉印象。同时在浅色背景的衬托下，凸显店铺注重消费者精致与优雅的经营理念。上方采用并置型的构图方式的文字，将信息直接统一地传达出来。

- RGB=246,243,242 CMYK=4,5,5,0
- RGB=218,173,133 CMYK=11,40,48,0
- RGB=173,142,114 CMYK=34,48,56,0
- RGB=104,104,105 CMYK=67,58,55,5

这是一款鞋子的产品详情页设计效果。采用模特穿着作为展示主图，给人以清晰直观的视觉印象。在与白色裤子的对比中，将其很好地凸显出来。浅灰色背景的运用，尽显鞋子的精致与时尚。

- RGB=190,188,189 CMYK=29,24,22,0
- RGB=255,255,255 CMYK=0,0,0,0
- RGB=35,30,49 CMYK=89,93,64,53

5.2.2 鞋靴类的电商美工设计技巧——展现产品原貌

随着社会的迅速发展，人们的生活水平也在逐步提升。在选择鞋子时，会更加注重鞋子整体的设计格调、细节状态、搭配局限，甚至小的装饰物件是否喜欢等。所以，为了在众多的鞋子店铺中脱颖而出，设计上尽可能地要简洁大方，展现产品的本来面貌。

这是一款男士鞋子的宣传详情页设计效果。将放大的鞋子借助呈现载体以倾斜的角度摆放，将鞋子原貌清晰直观地呈现在消费者眼前。

左侧白色的主标题文字，采用带衬线的字体，凸显穿着者的成熟与稳重。其他文字对产品做了一定的说明，同时丰富了整体的细节设计效果。

这是一款女士高跟鞋的产品详情页设计展示效果。采用产品在中间上下两端为文字的构图方式，将产品和文字清楚地展现出来。

同一款式不同颜色的鞋子，以倾斜的角度进行摆放，给人营造一种成熟女性优雅与精致的视觉氛围。

上下两端主次分明的文字，既丰富了细节效果，同时也起到很好的宣传与推广作用。

配色方案

双色配色　　　　　　　三色配色　　　　　　　四色配色

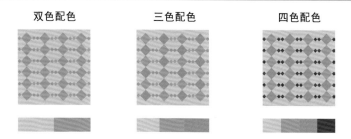

佳作欣赏

5.3 箱包类电商美工设计

箱包类产品，特别是可以随身携带的各种包包，就像我们每天出门要穿鞋一样，是一项必需品。现如今社会时尚潮流更新换代的速度不断加快，各种各样的包包电商充斥在我们的生活中。在进行选购时消费者不仅会感到眼花缭乱，而且时间长了很容易产生视觉疲劳。

所以说，具有独特个性与特征的店铺不仅会让自己在众多的店铺中脱颖而出，同时也会给消费者一个视觉得到缓解的机会。这样就大大增加了该店铺的曝光率。

无论是手提包、双肩包、斜挎包还是其他类型的包包，在进行店铺美工设计时，不能单纯地以展示包包的整体效果为基准，要尽可能地将其与其他服饰进行搭配。这样一方面可以让消费者对包包的整体概况与搭配样式有一个大致的了解；另一方面还可以增加消费者对店铺的好感度与信赖感。

特点：

◆ 风格多样，极具个性特征。

◆ 以女性为主要消费对象，展现女性的人格魅力。

◆ 注重细节效果的展示。

◆ 借助模特给消费者以清晰直观的视觉印象。

◆ 以产品实景拍摄展示为主。

◆ 少量文字作为辅助，具有画龙点睛的效果。

5.3.1 高端风格的箱包类电商美工设计

高端风格的箱包类电商美工设计，就是让整个设计给人营造一种奢华精致但却不失时尚的店铺氛围。在视觉上给人以较强的视觉冲击力，从而激发消费者的购买欲望。

设计理念：这是一款包包的产品宣传广告设计展示效果。采用满版式的构图方式，将产品借助阶梯平台进行立体展示，给消费者以清晰直观的视觉感受，使其印象深刻。

色彩点评：整体以红色为主色调，而且不同明纯度的红色营造了很强的空间立体感。同时与画面中间白色的阶梯展架形成颜色对比，将红色系的包包凸现出来，给人以很强的视觉冲击力。

🔴 产品周围各种悬空飘动的包包装饰物件，既丰富了画面的细节效果，同时让整体的空间感氛围又浓了几分。

🔴 较大字体的白色品牌宣传文字，在画面中十分醒目，具有很好的宣传与推广效果。

RGB=159,67,81 CMYK=36,87,62,1

RGB=211,166,176 CMYK=13,43,20,0

RGB=255,255,255 CMYK=0,0,0,0

这是一款女士手提包的产品详情页设计展示效果。采用中轴型的构图方式，将产品直观地进行展现。将不同造型的模特展示图像，放在不同颜色拼接式的背景中，给人以较强的视觉冲击力。模特的整体穿搭与手提包的选择，给消费者提供了可以参考的模板，凸显店铺服务的贴心与真挚。

RGB=176,192,208 CMYK=38,19,14,0

RGB=160,187,154 CMYK=48,15,46,0

RGB=159,95,113 CMYK=38,73,43,0

RGB=245,199,189 CMYK=2,29,21,0

这是一款女士包的产品详情页设计展示效果。将产品一前一后地摆放在画面中间位置作为展示主图，十分醒目。几何图形构成的背景，在颜色的弱对比中尽显产品的优雅与精致。顶部两端的文字，在黑白对比中既对品牌进行宣传与推广，同时也对产品进行了一定的解释与说明。

RGB=230,227,223 CMYK=11,11,11,0

RGB171,178,208 CMYK=39,27,9,0

RGB=238,190,158 CMYK=0,35,36,0

RGB= 46,48,66 CMYK=88,84,60,38

5.3.2 箱包类电商美工设计技巧——尽可能展现产品的实际大小

箱包类电商美工设计在高端大气的基础之上，就是要力求展现产品的实际大小。别的暂且不说，作为一个包最大的作用就是为广大受众带去便利。由于拍摄时镜头的远近会造成产品出现大小的偏差，所以，在对相应电商产品进行美工设计时，要尽可能展现产品的实际尺寸。一个集聚奢华与精致为一体的包包，如果脱离了大小的实用性，那么消费者也就没有为其埋单的必要了。

这是一款包包的产品展示详情页设计效果。采用左右分割的构图的方式，将产品清晰直观地展现在消费者眼前。

以水波纹样式的图案作为背景，给人以凉爽的视觉体验。左侧颜色亮丽的手提包，既与整体的季节情感相呼应，而且让消费者对其大小、样式等有一个直观的认识。

右侧简单的手写字体，既给单调的画面增添了趣味性，同时又丰富了整体的细节设计感。对品牌具有一定的宣传与推广作用。

这是不同样式与大小的包包的详情页展示效果。采用左右分割的构图方式，将产品和文字直接展现出来，给消费者以直观清楚的视觉印象。

将两个不同样式的包包并排摆放在画面左侧，在对比中让人对包包大小有一个清晰的认识，而右侧则借助模特身体来对包包大小进行呈现，使消费者一目了然。同时右上角多彩的文字，给单调的背景增添了一丝动感与活力。

配色方案

双色配色	三色配色	四色配色
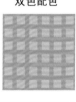		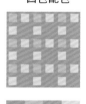

佳作欣赏

5.4 家电数码类电商美工设计

　　随着社会不断的发展进步，人们生活水平的提高，各种各样便捷的家电数码类产品融入我们的日常生活中，而且已经成为像服饰、食物一样，都是必不可少的东西。一件好的家电不仅能给消费者带去很好的使用体验，同时也会可以提高整个家的生活档次。

　　因此，在对家电数码类电商的美工进行设计时，除了要展现产品的本来样貌、功能、特性等基本信息之外，还要尽可能地营造一种家的温馨感。这样让消费者看后觉得买这个产品可以让家变得更好，进而激发其购买的欲望。

特点：

- ◆　具有较强的品牌特色。
- ◆　可以营造家的温馨感。
- ◆　具有很强的视觉感。
- ◆　色彩运用上多采用沉重的色块与金属色。
- ◆　凸显实用性与科技感。

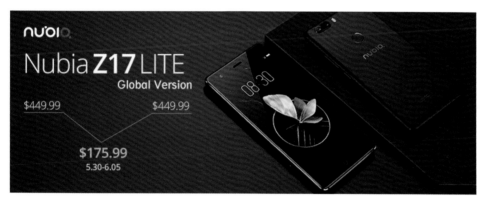

5.4.1 极具科技感的家电数码类电商美工设计

家电数码类产品本身就具有很强的科技感，特别是随着技术的不断发展，让这种感觉更加浓厚。此外，人们对科技也是十分信赖，科技感越强的产品，它提供给人们的便利也就越多。所以在设计时要将其完美地呈现出来。

设计理念：这是一款头戴式耳机的产品详情页设计展示效果。采用左右分割的构图方式，将产品和相关的文字信息直接呈现在消费者眼前，给其直观的视觉印象。

色彩点评：整个画面以白色为主色调，将模特头戴极具金属质感的耳机凸现出来。在左侧大面积浅蓝色的对比下，给人以较强的视觉冲击力，十分醒目。

右侧吹泡泡的模特造型，给人以很强的趣味性。将消费者的注意力全部集中于此，对产品具有很好的宣传与推广作用。

左侧白色的主标题文字，在蓝底的衬托下十分醒目。特别是一些小文字的装饰，丰富了细节效果。

RGB=255,255,255　CMYK=0,0,0,0
RGB=176,206,223　CMYK=35,11,9,0
RGB=164,164,165　CMYK=41,33,30,0

这是一款无线插座的网页首页设计展示效果。采用左右分割的构图方式，将产品和文字清晰直观地展现在消费者眼前。特别是右侧产品在适当光线投影的衬托下，极具科技的高质感。左侧的主标题文字，以大号字体对产品的安全做出承诺，让消费者可以安心购买，增加了其对店铺与品牌的信任与好感。

RGB=233,236,244　CMYK=11,6,2,0
RGB=54,53,57　CMYK=80,76,69,44
RGB=225,115,83　CMYK=0,69,64,0

这是一款相机产品的详情页设计展示效果。采用左右分割的构图方式，在深灰色到亮色的渐变过渡背景的衬托下，将产品和文字清楚地表现出来。同时在适当投影与灯光的烘托下，凸显出了产品的高科技与时尚质感。左侧右对齐排版的文字，则将信息清晰准确地传达给广大消费者。

RGB=54,54,54　CMYK=79,74,71,45
RGB=198,198,198　CMYK=25,20,19,0

5.4.2 家电数码类电商美工技巧——凸显产品质感与耐用性

在设计家电数码类店铺时，要利用画面整体的配色，将产品质感、耐用性、美观大方等信息进行直接的传达。只有画面整体配色和谐、比例适当才会增加消费者的视觉感知度，进而引发其消费的欲望。

这是一款耳机产品的详情页设计展示效果。采用左右分割的构图方式，将产品直接在画面中展现。

左侧产品在红色背景的衬托下，十分醒目，而且与耳机的黑色形成经典的红黑搭配对比，给人以极强的高科技质感。

右侧将产品相关信息以白色矩形为背景的形式呈现，既清晰直观，又提高了画面的亮度。

这是一款立体音响的详情页展示效果。采用上下分割的构图方式，将产品作为展示主图，给人以清晰直观的视觉印象。

产品以倾斜的角度进行摆放，让内部构造直接展现在消费者眼前，使其有一个清楚的认知。同时凸显店铺真诚的服务与产品的科技耐用性。

最上方居中摆放的文字，对产品进行了解释与说明。同时也丰富了整体的细节效果。

配色方案

双色配色	三色配色	四色配色

佳作欣赏

5.5 美妆类电商美工设计

化妆品作为时尚消费品，除了具有使用功效以外，还能满足消费者对美的心理需求。因为化妆品的种类有很多，所以针对不同的化妆品，在进行相应的电商美工设计时会有不同的配色和风格。

美妆类电商美工设计分很多种类。例如，既可以借助明星代言来促进化妆品销售，也可以通过人体局部针对性地展示产品效果，还可以对化妆品本身进行精准描述来展现化妆品的独特魅力。

特点：

◆ 画面精致、具有独特美感。

◆ 画面色调柔美、纯净、健康。

◆ 画面中女性元素较多。

◆ 独具风格，品牌特色浓重。

5.5.1　高雅时尚风格的美妆类电商美工设计

在对美妆类电商美工设计时，要根据产品的特性、外形、功能等来进行相应的设计，不同的风格会给人带来不一样的感觉，而高雅时尚风格的化妆品店铺则会给人一种在使用过程中会越来越美的心理暗示。

设计理念：这是一款化妆品的详情页设计展示效果。采用对角线的构图方式，将产品和内部质地直接展现在消费者眼前。给人以清晰直观的视觉印象，让人印象深刻。

色彩点评：整体以橘色系为主色调。不同明纯度的渐变橘色过渡背景，一方面将产品直接凸现出来；另一方面给人以高雅精致的时尚视觉感。

🔵 画面中间垂直摆放的产品，十分引人注目。以不同形态呈现的产品内部效果，既让消费者对产品有更加清晰的了解。同时对角线的摆放方式，让整个画面处于极其稳定的动感状态。

🔵 产品上下方的文字，既对产品进行了简单的解释与说明，同时也丰富了整体的细节设计感。

- RGB=140,122,86 CMYK=50,54,73,2
- RGB=206,200,182 CMYK=22,20,29,0
- RGB=243,241,235 CMYK=6,6,9,0

这是一款化妆品的详情页设计展示效果。采用左右分割的构图方式，将产品以倾斜的方式进行展现。既可以让消费者看到产品的整体概貌与内部情况，同时又营造一种视觉动感氛围。右侧以右对齐排列的文字，给人以视觉统一感。特别是将重要信息以白色横线标记出来，使人一目了然。

- RGB=238,219,222 CMYK=4,19,80,0
- RGB=211,165,130 CMYK=14,43,48,0
- RGB=255,255,255 CMYK=0,0,0,0
- RGB=13,13,16 CMYK=92,87,85,77

这是一款香薰的产品详情页设计展示效果。采用满版式的构图方式，将产品清晰直观地呈现在消费者眼前。整体以紫色为主色调，给人以高雅与奢华的视觉体验。产品旁边紫色花朵的摆放，既表明了产品的香味类型，同时也具有很好的装饰效果。

- RGB=195,184,217 CMYK=26,30,2,0
- RGB=110,78,155 CMYK=65,78,5,0
- RGB=241,249,254 CMYK=9,0,1,0

5.5.2 美妆类电商美工设计技巧——借助相关装饰物凸显产品特性

美妆类产品与其他产品最大的不同之处就在于，其具有相应的使用功效与针对的受众人群。所以在对该类电商进行设计时，一般会借助与产品属性或功能相关的装饰性物件，来凸显这一特性。

这是一款护肤品的产品详情页设计展示效果。采用上下分割的构图方式，将产品以大图的形式进行展现。

以青色系充满水珠的渐变图案作为背景，将产品强大的补水功能淋漓尽致地凸显出来。给人一种使用之后会使自己皮肤变得非常Q弹水润的视觉体验，让人印象深刻。

产品下方主次分明的白色文字，对产品进行了相应的解释与说明。

这是一款药妆的产品详情页设计展示效果。采用中心型的构图方式，将产品放置在画面中心，使人一目了然。

该设计以白色圆环的形式，将产品中含有的中药成分以清晰的图片直接显示出来。相比于直接的产品文字说明，该种设计更能赢得消费者对店铺以及品牌的信赖。同时再结合相应的文字，进一步增加消费者对产品了解的深度。

配色方案

双色配色	三色配色	四色配色

佳作欣赏

5.6 美食类电商美工设计

　　美食类电商是人们日常生活中最不可缺少的，因为人们每天都要与食物打交道。所以该类美工设计的好坏，直接影响店铺的效益与销量，甚至整个生产链都要受到影响。

　　美食类的电商美工设计可以分为很多种类。例如，直接将产品包装甚至食物原材料的样貌呈现出来；或者借助相关装饰物件来凸显店铺的经营格调；还可以通过在版面中摆放相关的食物来间接表明产品的口味与种类等。

　　特点：

- ◆ 呈现效果精致，给人带来干净舒适的视觉体验。
- ◆ 画面色调既可以明亮多彩也可以深沉稳重。
- ◆ 画面中食物元素居多。
- ◆ 品牌特色浓重，能带来极大的味蕾刺激感。

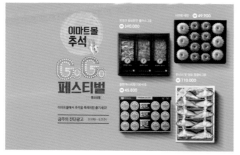

5.6.1 用色明亮的美食类电商美工设计

用色明亮的美食类电商美工设计强调用鲜艳的颜色来吸引消费者的注意，同时最大限度地刺激其味蕾。使商品与消费者之间形成一定的互动，进而激发其购买的欲望。

设计理念：这是一款产品的详情页设计展示效果。采用左右分割的构图方式，将产品和文字直接清楚地呈现出来，给人以直观的视觉体验。

色彩点评：以能带给人舒适与明快感受的橙色作为背景主色调，一方面将产品很好地凸现出来；另一方面给人以很强的食欲感。

🔴 右侧产品按照大小顺序进行前后摆放，这样不仅可以让每种产品都能显示出来，而且呈现出空间立体感。同时产品周围简笔画绿叶的装饰，凸显出产品的绿色与健康。

🔵 主标题文字以大号字体进行显示，十分醒目，而其他文字则起到解释说明与丰富细节效果的作用。

■ RGB=222,132,98 CMYK=2,61,59,0
■ RGB=235,227,53 CMYK=15,8,89,0
■ RGB=55,54,59 CMYK=80,76,67,42

这是一款食品的详情页设计展示效果。采用折线跳跃的构图方式，将产品悬浮在画面中，具有很强的活跃性与画面延展性。用亮丽的黄色系作为背景主色调，既凸显产品又给人以亮眼的视觉体验。简单的文字对产品进行进一步的说明，同时为画面添加细节效果。

这是一款食品的详情页设计展示效果。采用左右分割的构图方式，将产品和文字清晰直观地展现出来。右侧的产品以折线跳跃的方式进行摆放，给人以很强的视觉动感。特别是在明纯度较高的青色背景衬托下，尽显食物的美味与活跃。左侧红色的主标题文字在背景颜色的对比下十分醒目，具有很好的宣传与推广效果。

■ RGB=244,218,121 CMYK=4,18,61,0
■ RGB=69,43,26 CMYK=62,82,100,52
■ RGB=149,44,52 CMYK=39,97,87,4
■ RGB=30,29,43 CMYK=90,91,68,58

■ RGB=178,237,234 CMYK=43,0,18,0
■ RGB=242,228,61 CMYK=10,9,86,0
■ RGB=221,0,0 CMYK=0,96,93,0
■ RGB=181,184,46 CMYK=38,21,98,0

5.6.2 美食类电商美工设计技巧——用小元素增加画面趣味性

随着社会生活水平的不断提高，消费者在购买产品时除了要了解产品的构成要素等基本信息之外，整体外观形状与展示效果也在其考虑范围之内。所以说，在对该类电商美工进行设计时，可以运用一些小元素来装饰画面，让其呈现出一定的趣味性与创意感。

这是一款泡面的产品详情页设计展示效果。采用左右分割的构图方式，将产品以前后摆放的形式展现在消费者眼前。这样可以让两款不同的产品都被清楚地看到。

以简笔画形式呈现的筷子与泡面，好像直接从产品中拿出来一样，既表明了产品的种类与状态，同时也为画面增添了很强的趣味性。

左侧主次分明的文字，对产品进行解释与说明，同时让整体的细节效果更加丰富。

这是一款老年食品的详情页设计展示效果。采用左右分割的构图方式，将产品和相关的文字进行清晰直观的展现。

右侧将不同种类的产品并排摆放，给消费者清楚的视觉印象。在设计中将产品比作高山，而以老年人爬"山"的形式来凸显产品的强大功效，具有很强的创意感和视觉冲击力。

左侧文字则对产品进行了进一步的补充与说明，同时也让整个版式具有细节设计感。

配色方案

双色配色	三色配色	四色配色

佳作欣赏

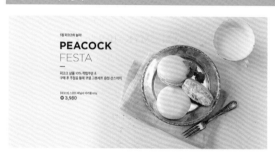

5.7 母婴玩具类电商美工设计

　　随着社会的不断发展与进步，人们对孩子用品的要求也越来越高。因为孩子有很强的好奇心，想了解任何事物，与此同时也存在着安全隐患。所以家长在为孩子买相应产品时，除了考虑孩子本身的兴趣爱好之外，更加注重产品的安全问题。特别是母婴用品，更是有着极高的标准。

　　所以，在对该类店铺进行美工设计时，要尽最大限度地凸显产品的安全与实用性能。比如，棉制品要展现出产品的构成要素、原材料的来源、生产规格、安全检验证书甚至外包装等。

特点：

- ◆　具有鲜明的消费市场与消费对象。
- ◆　具有很强的安全要求标准。
- ◆　多以亮丽的色彩为主色调。
- ◆　构图一般具有较强的趣味性与创意感。
- ◆　画面富有动感与活力。

5.7.1 活泼风趣的母婴玩具类电商美工设计

活泼风趣的母婴玩具类电商美工，就是在设计时让整体呈现出较强的趣味性。因为爱玩、好奇心重是孩子的天性，而且家长在给孩子选择相应产品时看重的也是这一点。同时还要注意产品的安全性，一款产品再有趣味性而没有安全保障也是没有任何意义的。

设计理念：这是一款儿童雨靴的详情页设计展示效果。采用左右分割的构图方式，将产品清晰明了地展现在消费者眼前，使其一目了然。

色彩点评：画面整体以黄色调为主，黄色是阳光的色彩，能表现无拘无束的快活感和轻松感。而且鞋子的主色调与背景形成同色系的颜色对比，将产品直接凸现出来。

画面中多彩的简笔画图案，一方面突出表明产品的特性；另一方面打破了整体的单调与乏味，给人以很强的趣味性，凸显出儿童天真、活泼的本性。

将文字放置在黑色描边矩形框中，具有很好的视觉聚拢感，将信息进行直接明了的传达。

RGB=249,234,136 CMYK=5,9,57,0

RGB=242,211,49 CMYK=6,20,89,0

RGB=121,195,212 CMYK=66,2,22,0

这是一款儿童玩具的详情页设计展示效果。采用满版式的构图方式，将产品直接摆放在画面中间位置，给消费者以直观的视觉印象。明纯度较高的青色背景，使整个画面具有极高的辨识度。在产品右下角旁边添加白色的简笔画图案，给人以趣味性与活跃的动感。

RGB=172,231,231 CMYK=45,0,18,0

RGB=214,63,159 CMYK=6,84,0,0

RGB=255,255,255 CMYK=0,0,0,0

RGB=191,32,42 CMYK=15,97,90,0

这是一个儿童玩具店铺相关产品的详情页设计展示效果。采用并置型的构图方式，将产品以一致统一的规格呈现出来，使消费者一目了然。每个产品旁边都有相应的文字介绍，具有很好的解释说明作用。画面右下角的简笔画图案，一方面凸显产品较多的种类，另一方面趣味性十足。

RGB=156,201,241 CMYK=49,9,2,0

RGB=139,189,81 CMYK=61,4,88,0

RGB=108,180,118 CMYK=73,4,70,0

RGB=214,56,5 CMYK=0,89,99,0

5.7.2 母婴玩具类电商美工设计技巧——着重展现产品的安全与健康

母婴玩具类电商美工要着重展现产品的安全与健康。因为小孩子没有自我保护能力，特别是一些注意不到的安全隐患。所以在设计时要最大限度地展现产品的本来样貌，特别是带有棱角的玩具类产品。同时还可以借助色彩或者一些小的装饰元素来间接的呈现。

这是一款儿童专用湿巾的详情页设计展示效果。采用左右分割的构图方式，将前后错开摆放的产品直接呈现出来。同时在一定投影的衬托下，给人以很强的空间立体感。

绿色是一种环保、健康的颜色，产品包装和文字说明均采用该种颜色，既表明了产品的安全性，同时也可以让消费者放心购买。

产品旁边简笔画的超人妈妈，用风趣幽默的方式将产品足够安全的信息传达给消费者。

这是一款宝宝连体裤的产品详情页设计展示效果。采用上下分割的构图方式，将产品特性直接展现在消费者眼前，给其以直接的视觉印象。

宝宝服饰一般非常注重是否亲肤，该设计采用宝宝趴在柔软棉制品上方安心睡觉的画面，来间接凸显产品的特性，具有很强的创意感与趣味性。

浅色的渐变背景，让整体柔和亲肤的氛围又浓了几分。

配色方案

双色配色	三色配色	四色配色

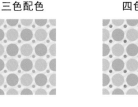

佳作欣赏

5.8　生鲜类电商美工设计

　　生鲜作为我们日常食物的组成部分，是必不可少的，同时也是至关重要的。水果、蔬菜、肉品、水产、干货等都是我们维持身体健康所必需的。所以，生鲜类电商具有举足轻重的作用。

　　由于生鲜类产品一般是未经过烹调、制作等深加工过程，只做必要保鲜和简单整理上架而出售的初级产品。因此在对该类电商美工进行设计时，一定要凸显产品的新鲜与健康。同时也要注重展现产品的原貌，不要有过多的修饰。

特点：

- ◆　展现产品的本来面貌。
- ◆　具有很强的绿色与健康要求。
- ◆　多以原材料的本色为主色调。
- ◆　具有明显的品牌标识。
- ◆　直接将产品作为展示主图。

5.8.1　新鲜健康的生鲜类电商美工设计

生鲜类食物最注重的就是新鲜、绿色与健康。所以在对该类电商美工进行设计时，要将产品的实景拍摄作为展示主图，将其尽可能地进行放大处理。这样将产品细节直接展现在消费者面前，可以大大增强其对店铺与品牌的信赖感与好感度。

设计理念：这是一个水果店铺相关产品的详情页设计展示效果。采用左右分割的构图方式，将产品按大小顺序前后摆放，给消费者直观的视觉印象。

色彩点评：整体以橘色为主色调，一方面将产品凸现出来，给人以很强的食欲感。同时与桃子的色调相一致，使整体效果具有统一感。

➊右侧以倾斜角度进行摆放的产品，让消费者一目了然。特别是葡萄绿色叶子的添加，凸显出水果的新鲜与健康。画面中小的装饰元素的添加，让整体具有活跃的细节设计感。

➋左侧采用左右两端对齐排列的文字，在主次分明中对产品进行了很好的解释与说明。

- RGB=246,224,139 CMYK=4,15,54,0
- RGB=225,121,103 CMYK=0,66,53,0
- RGB=149,73,85 CMYK=42,84,60,1

这是一个蔬菜店铺相关产品的详情页设计展示效果。采用满版式的构图方式，将产品以大图形式直接展现在消费者眼前。后方切开呈现的西红柿，让消费者可以看到内部效果，这样可以增强其对店铺的信赖感。绿色的辣椒既与红色西红柿形成强烈的色彩对比，又凸显出产品的天然与新鲜。

这是一个蔬菜店铺相关产品的网页宣传展示效果。采用并置型的构图方式，将各种产品进行清晰直接的呈现。具有纯彻、透亮色彩特征的青色背景，凸显产品的绿色与健康。将产品放置在白色描边矩形框内，具有很强的视觉聚拢感。产品上方的黑色正圆，将信息直接传达，同时具有很强的引导作用。

- RGB=221,236,255 CMYK=19,4,0,0
- RGB=219,38,44 CMYK=0,93,80,0
- RGB=128,178,47 CMYK=65,10,100,0
- RGB=0,0,0 CMYK=93,88,89,80

- RGB=162,211,211 CMYK=49,1,23,0
- RGB=243,218,48 CMYK=7,16,89,0
- RGB=211,76,32 CMYK=2,84,93,0
- RGB=118,141,73 CMYK=66,36,90,0

5.8.2 生鲜类电商美工设计技巧——尽量用产品本色作为主色调

无论什么种类的电商，在对相关产品进行宣传与展示时都需要借助一定的背景。不同种类的产品在背景的选择上有不同的要求。对于食物类产品，特别是生鲜类，在设计时最好采用食物的本色作为背景主色调。这样不仅可以让消费者感受到产品的原汁原味，同时也让整个画面和谐统一，为食物提供了一个良好的展示环境。

这是一个蔬菜电商相关产品宣传的广告设计展示效果。采用上下分割的构图方式，将产品和文字直接展现在消费者眼前。淡粉色的背景主色调与桃子相一致，给人以很强的统一协调感。

摆放在画面右下角的水果，既让消费者看到了产品的内部形态，同时也不至于让画面下方显得过于空洞。

水果下方的文字，主次分明，对品牌和店铺具有很强的宣传与推广作用。

这是一个水果店铺的产品宣传 Banner 设计展示效果。采用左右分割的构图方式，将产品进行直观的呈现。背景采用与水果同色系的黄色调，在明纯度的差别对比中将其清楚地凸现出来。

左侧将水果摆放在盘子里进行呈现，具有很好的视觉聚拢感。切开的杧果的添加，可以增加消费者对产品的进一步了解。

在背景中添加简单几何图形和线条，打破了整体的单调与乏味，给人以立体感。

配色方案

双色配色	三色配色	四色配色

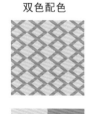

佳作欣赏

5.9 家居类电商美工设计

　　各种各样的家居产品是构成一个一个小家的重要组成部分。在家的日常生活中，人们使用的东西几乎都可以被称为家居产品，由此可见其所占据的重要地位。

　　家居类的电商美工设计就是以各种家居用品为主，比如：地毯、台灯、家具、衣柜等。因为家居是与我们生活息息相关的，所以在设计时既要突出产品的独特风格与美感。同时也要将产品的具体使用方法、功能等展示出来，让人一看就知道产品的具体用途。

特点：

◆　具有鲜明的家居风格特征。

◆　突出产品的使用性。

◆　颜色既可高雅奢华，也可清新亮丽。

◆　产品展示以大图为主。

◆　整个构图方式简约直接。

5.9.1 清新淡雅风格的家居类电商美工设计

清新淡雅风格的家居类电商美工设计，就是给人营造一种清新简约但却不失时尚的视觉氛围。这种风格的美工设计，在用色上多以较淡的色彩为主色调，突出家居温馨的同时给人带来放松与舒适之感。

设计理念：这是一个家居店铺相关产品宣传的 Banner 设计展示效果。采用产品在两端、文字在中间的构图方式，将其清晰明了地呈现出来，给消费者以直观的视觉印象。

色彩点评：整体以蓝色为主色调，给人营造一种理智、清新但却不失时尚的视觉氛围。不同明纯度之间的过渡，可以缓解受众浏览页面产生的视觉疲劳。

🏠① 摆放在左右两侧的白色产品，既与蓝色形成鲜明的对比，将其很好地凸显出来。同时也提高了整个画面的亮度，十分引人注目。

🏠② 画面中间的主标题文字以较深的蓝色来表示，十分醒目。特别是文字上方有线条构成的屋顶形状，在简单之中给人以家的温馨与浪漫。

- RGB=196,215,226 CMYK=31,9,10,0
- RGB=51,67,110 CMYK=93,83,40,5
- RGB=255,255,255 CMYK=0,0,0,0

这是一款毛巾的产品宣传详情页设计展示效果。采用中心型的构图方式，将产品和文字直接放置在画面中间位置，十分醒目。在浅色背景的衬托下，具有很强的清新之感。不同颜色的产品以堆叠的方式呈现，给人以较强的立体感。简单线条和简笔画小鸟的装饰，让整个画面极具细节设计感。

- RGB=223,226,232 CMYK=15,10,7,0
- RGB=121,133,145 CMYK=62,44,37,0
- RGB=181,188,189 CMYK=35,22,23,0
- RGB=235,173,15 CMYK=1,41,96,0

这是一款吸尘器的详情页设计效果。将产品以倾斜的方式摆放在画面右侧，而且在简单线条的装饰下给人以很强的趣味性。同时浅色的背景与产品整体色调相一致，给人以素雅清新的感受。蓝色的主标题文字，十分醒目，具有很好的宣传作用。

- RGB=225,225,230 CMYK=13,11,7,0
- RGB=179,184,190 CMYK=35,24,21,0
- RGB=21,20,19 CMYK=88,84,85,74
- RGB=131,180,220 CMYK=60,17,10,0

5.9.2 家居类电商美工设计技巧——注重实用性的同时提高产品格调

家居类的电商美工设计重在体现出产品的实用性，但如果产品没有一定的格调，也不会引起消费者的注意。因为不同的消费者，有不同的喜好和选择，所以在进行设计时，通过具有创意的方式或者色彩搭配将产品具有的格调凸显出来。

这是一个杯子的产品详情页设计展示效果。采用中心型的构图方式，将产品直接在画面中间位置进行呈现，使消费者一目了然。

整体以橙色为主色调，给人以清新亮丽的视觉感受。将明纯度较低的同色系描边矩形作为产品展示的载体，在适当投影的衬托下给人以很强的空间立体感。

将产品以倾斜的角度进行呈现，使消费者一目了然。在橙色背景的映衬下，体现了产品的雅致与时尚。

这是一个水龙头的产品宣传广告设计展示效果。采用中心型的构图方式，将产品实拍图像作为展示主图，给消费者以直观的视觉印象。

深灰色渐变的背景，一方面将产品直接凸现出来；另一方面体现出店铺稳重与成熟的经营理念。

极具金属质感的产品，在适当灯光效果的衬托下，尽显奢华与精致，而且下方的白色水池让这种氛围又浓了几分。

配色方案

双色配色	三色配色	四色配色
		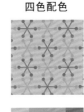

佳作欣赏

奢侈品是超出人们生存发展需要的产品，它代表着一种高雅的生活方式。随着时代的发展，奢侈品在不同时期有不同的代表产品，该种类的电商美工在设计时将画面作为传播信息和形象的主要渠道，文字的传达则较为次要。因为消费者在购买时首先看到的就是产品，文字只是起到辅助解释说明的作用。

总体来说，奢侈品行业的产品价值和品质都相对较高，在进行美工设计时要更加注重整体的视觉感和个性化。既要突出产品与品牌，同时也将店铺与品牌的文化氛围、经营理念、产品格调等凸现出来。

特点：

◆ 画面高端、大气。

◆ 注重产品和品牌宣传。

◆ 画面主体物突出，有明显的产品格调。

◆ 具有权威的典型性和代表性。

5.10.1 高端风格的奢侈品类电商美工设计

奢侈品在人们的日常生活中是很少用到的，因为其价格过于昂贵，一般人不会为其埋单。所以在设计时就要将其高端、大气的特性凸现出来，即使不购买，也可以在浏览时带来美的享受与心理满足。

设计理念：这是一款女士耳钉的详情页设计展示效果。采用中心型的构图方式，将产品直接摆放在画面中间位置，给人以清晰直观的视觉感受。

色彩点评：整体以紫色为主色调，给人以奢华与高贵的视觉体验。在不同明纯度紫色的对比之下，将产品很好地凸现出来，同时营造了较强的空间立体感。

🌙① 放在中间位置的产品，在适当灯光的衬托下，尽显独特的金属质感。以不同的角度进行呈现，这样可以让消费者观看到产品的更多细节。

🌙② 上方的白色文字，对产品进行了简单的说明。紫色的矩形底色，具有很好的提示效果。

- RGB=155,85,203 CMYK=68,72,0,0
- RGB=149,132,247 CMYK=52,50,44,0
- RGB=229,226,235 CMYK=11,12,4,0

这是一款男士手表的详情页设计展示效果。将手表以模特佩戴的方式呈现出来，给人以清晰直观的视觉印象。手表整体以灰色为主色调，在独特金属质感的衬托下，尽显产品的精致与高端。同时也让佩戴者的成熟与稳重气质，淋漓尽致地表现出来。放大处理的表盘，将内部信息进行直接的展示。

- RGB=141,150,158 CMYK=53,37,33,0
- RGB=222,228,230 CMYK=16,8,9,0
- RGB=99,105,111 CMYK=70,58,51,5
- RGB=198,171,155 CMYK=22,37,36,0

这是一款香水的产品宣传广告设计展示效果。采用中心型的构图方式，将放大的产品直接摆放在中间位置，十分醒目。周围其他不同种类与大小的产品，一方面让主图更加清楚；另一方面，在大小变化中给人以很强的空间立体感。产品后方的主标题文字，对品牌具有很好的宣传与推广作用。

- RGB=20,34,44 CMYK=98,85,71,58
- RGB=179,84,43 CMYK=24,80,93,0
- RGB=253,246,136 CMYK=6,2,58,0
- RGB=238,216,186 CMYK=5,20,28,0

5.10.2 奢侈品类电商美工设计技巧——凸显品牌特色

每个品牌和产品都具有各自的特点和形象。在为该种类的电商美工设计时，就要在起到宣传产品的同时提高品牌辨识度，将品牌特色最大限度地凸现出来。

这是一款女士戒指的产品详情页设计展示效果。采用左右分割的构图方式，将产品以直观的视觉效果进行呈现，使消费者一目了然。放在画面右侧的产品，以倾斜的角度进行摆放，既可以将产品外表效果呈现出来，同时也可以让消费者看到戒指内部壁面的细节，增强其对店铺与品牌的信任与好感。

右侧以竖排形式摆放的品牌文字，在浅色的背景中十分醒目，同时具有很好的宣传作用。

这是一款口红的宣传详情页设计展示效果。采用左右分割的构图方式，将产品完美地呈现在消费者眼前。

以口红内部质地效果作为背景，较深的红色调，给人以高雅成熟的视觉印象。采用矩形外框作为产品展示的载体，具有很好的视觉聚拢感。倾斜摆放的产品给人一种向下滑动的空间动感，极具视觉渲染效果。

左侧主次分明的文字，对产品进行了一定的说明与宣传。

配色方案

双色配色

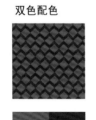

三色配色

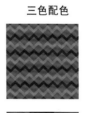

四色配色

佳作欣赏

5.11 虚拟产品类电商美工设计

　　虚拟产品是指电子商务市场中的数字产品和服务（专指可以通过下载或在线等形式使用的数字产品和服务），具有无实物性质，是在网上发布时默认无法选择物流运输的商品，可由虚拟货币或现实货币交易买卖的虚拟商品或者虚拟社会服务。虚拟商品主要包括计算机软件、股票行情和金融信息、新闻、音乐影像、电视节目、搜索、虚拟云主机、虚拟云盘、虚拟光驱、App 虚拟应用、虚拟商品、网络游戏中的一些产品和在线服务。

　　由于该类产品不具备实物产品所具有的一般性质，所以在进行设计时就要从产品的实际情况出发，不同的产品有不同的规格与要求。

特点：

◆　　无法选择物流运输。

◆　　无破坏性且运输速度较高。

◆　　具有很强的时效性。

◆　　具有明显的支付与提示标识。

5.11.1 卡通风格的虚拟产品类电商美工设计

卡通风格的虚拟产品类电商美工设计，是通过一系列卡通元素以幽默、可爱的效果来展现想要表达的事物，整体给人以生动有趣的感觉。卡通风格的虚拟产品类电商美工设计可以让相应的店铺更加引人注目，打破枯燥与乏味，勾起了受众进行购买的欲望与兴趣。

设计理念：这是一款相关产品的详情页设计展示效果。采用并置型的构图方式，将产品和相关信息以六边形为载体进行呈现，给消费者以清晰直观的视觉印象。

色彩点评：整体以蓝色为主色调，给人以理智、冷静的视觉体验。与少面积的绿色形成鲜明的对比，将其很好地凸现出来。

🔵 将相关信息以六边形为背景进行呈现，既让画面整齐统一，有具有一定的区分效果。将提示信息以蓝色正圆进行呈现，十分醒目。

🔵 右侧挥动拳头的卡通人物造型，极具趣味性。在适当投影的衬托下，具有很强的空间立体感。

RGB=95,164,236 CMYK=73,23,0,0
RGB=170,218,56 CMYK=49,0,94,0
RGB=78,71,71 CMYK=72,71,66,28

这是一款游戏充值界面的设计展示效果。采用左右分割的构图方式，将相关信息进行清晰直观的呈现。右侧卡通立体打斗的人物造型，同时在深青色渐变背景的衬托下，给人营造一种深邃的动感氛围。左侧的文字则对产品进行了解释与说明，特别是少量橙色的点缀，具有醒目的提示作用。

■ RGB=13,23,44 CMYK=100,97,67,58
RGB=173,213,220 CMYK=44,3,17,0
□ RGB=255,255,255 CMYK=0,0,0,0
RGB=251,186,41 CMYK=0,37,86,0

这是一款产品付款后的抽奖设计效果。采用中心型的构图方式，将抽奖大转盘直接摆放在画面中间位置，十分醒目。粉色的背景与转盘的绿色形成颜色对比，将相关信息直接凸显出来。同时画面中卡通形式的金币造型，既给画面增添了一抹亮丽的色彩，又极具视觉冲击力。

RGB=228,157,158 CMYK=1,51,27,0
RGB=174,234,172 CMYK=46,0,47,0
□ RGB=255,255,255 CMYK=0,0,0,0
RGB=235,180,43 CMYK=3,37,90,0

5.11.2　虚拟产品类电商美工设计技巧——增强互动效果

常见的虚拟产品类电商美工设计通常都给人一种呆板、无趣的视觉感，所以在设计时要尽可能地让受众与各店铺之间形成一定的互动感。这样不仅可以让受众对店铺有较为深入的认识，提升对其的信赖感与好感度，同时也能够加大对品牌的宣传与推广力度。

这是一个书店电子书售卖的宣传广告设计展示效果。画面中随意摆放的书籍，在浅灰色渐变背景的衬托下，十分醒目，而且也直接表明了店铺的经营性质。

将电子书籍阅读器以倾斜的方式依靠在实体书籍上，营造了很强的空间立体感。

阅读器的小与书籍的多和重形成鲜明的对比，将电子书籍的优势淋漓尽致地凸现出来，使人有一种想要立即阅读的冲动。

这是一个儿童线上教育课程的 Banner 设计展示效果。采用图像在两端、文字在中间的构图方式，将信息直接传达给广大消费者。

左侧几个背书包面带微笑的学生，一方面表明了宣传的内容与经营的主要性质；另一方面给人以很强的感染力，从侧面突出课程给孩子们带去的欢乐。

中间部分的文字对信息进行了说明，同时将购买文字信息以橘色来呈现，十分醒目。

配色方案

双色配色

三色配色

四色配色

佳作欣赏

汽车是人们生活中不可或缺的代步工具，随着人们对汽车各种性能要求的提高，在制作该类的电商美工设计时，要重点突出汽车的功能性，例如舒适度、稳定性、速度和容量等。抓住消费者的内心需求，用功能来吸引他们。

随着汽车行业的不断发展，要想在众多设计中脱颖而出，除了要尽可能地展示产品之外，还要将企业的经营理念、文化内涵、产品格调，甚至是宣传页面效果、服务态度、店面形象等体现出来。只有给消费者留下深刻印象，才能激发他们进一步了解，甚至购买的欲望。

特点：

◆ 利用明星代言，提高产品的知名度。

◆ 宣传力度极大。

◆ 尽可能详细地展示产品细节。

◆ 具有明显的品牌标识。

5.12.1 大气壮观的汽车类电商美工设计

因为汽车本身就给人一种炫酷、有气势的感觉，所以汽车类电商美工设计就可以从这一点入手。在展现汽车功能性的同时营造一种高端霸气、时尚奢华的视觉氛围。

设计理念：这是一款汽车的网页首页设计展示效果。采用中心型的构图方式，将产品直接在画面中间进行清晰的呈现，给消费者直观的视觉印象。

色彩点评：整体以深色为主色调，一方面凸显出汽车的稳重与大气；另一方面与汽车的橙色形成鲜明的颜色对比，将其完美地凸现出来。

❶ 橙色外观的汽车，在深色背景的衬托下十分醒目。在灯光的照射下，将汽车完美的流线型淋漓尽致地呈现在消费者眼前。

❷ 白色的文字对产品进行了一定的解释与说明。特别是右上角白色底色的品牌标志，具有很好的宣传与推广作用。

RGB=27,27,31 CMYK=87,84,77,67

RGB=197,122,44 CMYK=17,62,92,0

RGB=255,255,255 CMYK=0,0,0,0

这是一款汽车的宣传 Banner 设计展示效果。采用左右分割的构图方式，将产品直接呈现在消费者眼前。以道路崎岖的森林小路作为大背景，一方面给人以清新开阔的视觉体验；另一方面反衬出汽车强大的防震功能和极佳的越野性能。左侧的白色文字对汽车进行了一定的解释与说明，同时与右下角的品牌标志文字形成对角线的稳定效果。

RGB=71,73,48 CMYK=74,63,91,36

RGB=171,171,169 CMYK=38,30,30,0

RGB=255,255,255 CMYK=0,0,0,0

这是一款汽车的详情页设计展示效果。采用中心型的构图方式，将产品放置在画面中间位置，给消费者以清晰直观的视觉体验。由左上角照射而下的蓝色光线，将汽车的整体流线轮廓完美地凸现出来，在深色背景的衬托下十分醒目，给人以高端大气的视觉体验。

RGB=9,14,23 CMYK=95,90,80,73

RGB=88,47,50 CMYK=58,87,76,37

RGB=255,255,255 CMYK=0,0,0,0

RGB=68,116,231 CMYK=82,53,0,0

汽车类电商美工在设计时尽可能地将汽车以直观的方式展现出来。因为汽车是人们都熟悉的产品，将其直接地呈现出来，既可以让消费者看到更多的细节，也可以给相应的经营电商增加信任感。

这是一款汽车的详情页设计展示效果。采用左右分割的构图方式，将产品和相关细节直接呈现在消费者眼前。

右下角以矩形外观的形式将产品细节效果进行放大展示，让消费者有较为清晰的视觉印象，而且相应的文字解释，起到进一步地加深理解作用。

这是一款汽车内饰的详情页设计展示效果。采用并置型的构图方式，以相同的圆形作为产品细节展示的载体，具有很好的视觉聚拢效果。

每一部分产品的名称以红色显示，在深色背景的衬托下十分醒目，而下方的白色文字则进行了进一步的解释与说明。

配色方案

双色配色	三色配色	四色配色

佳作欣赏

第 **6** 章　电商美工设计的视觉印象

　　随着互联网的普及，网上购物已成为人们一种新的购物方式，而网上开店也成为越来越多人的创业首选。为了在激烈的竞争中脱颖而出，很多经营者都希望把网店设计得更专业、更美观，以此来吸引更多消费者的注意。

　　在对店铺的视觉形象进行设计之前，我们需要了解自己店铺所属的类型与风格。比如，有注重食品美味健康的，有追逐时尚潮流的，有注重绿色环保的，有凸显产品的高科技、高智能的，还有的是展现产品的高调与奢华。由于不同的风格有不同的设计要求，所以在进行设计时，一定较将店铺对外的视觉形象确定下来，只有这样，才能有针对性、有目的性地进行装修与美化。

6.1 美味

美味类型的电商美工在设计时，最重要的就是要将产品进行直观的展示，同时给人垂涎欲滴的视觉感受。这样不仅可以将消费者的味蕾调动起来，激发其购买欲望，而且也非常有利于产品与品牌的宣传与推广。

设计理念：这是一款食品的详情页设计展示效果。采用折线跳跃的方式，将产品直观地呈现在消费者面前。超出画面的部分，具有很强的视觉延展性。

色彩点评：浅绿色的背景，凸显产品。

同时与产品的橙色形成颜色对比，为画面增添了一抹亮丽的色彩，也极大地刺激了消费者的食欲。

🌕 倾斜跳跃的产品，在适当投影的衬托下，给人以很强的视觉活跃感与立体空间感。后方规整摆放的产品，增强了画面的稳定性。

🌑 将文字以白色矩形边框作为呈现的载体，有很强的视觉聚拢感，对产品有积极的宣传作用。

- RGB=180,215,176 CMYK=42,1,40,0
- RGB=211,148,39 CMYK=13,50,93,0
- RGB=73,72,41 CMYK=72,64,99,37

这是一款汉堡的 Banner 设计展示效果。将产品作为展示主图放在画面右侧，极大程度地刺激了消费者的味蕾。深色的背景既将产品展现出来，也凸显店铺高端稳重的经营理念。左侧的主标题文字，对产品进行宣传与推广。其他文字对产品进行了相应的说明，同时也让细节效果更加丰富。

- ■ RGB=38,39,44 CMYK=85,81,72,56
- □ RGB=252,252,252 CMYK=1,1,1,0
- ■ RGB=152,79,56 CMYK=39,81,87,3
- ■ RGB=153,167,74 CMYK=51,26,80,0

这是一款甜品的详情页设计展示效果。采用中心型的构图方式，将产品适当放大后摆放在画面中心位置，给消费者以直接的视觉冲击，甚至可以让其感受到产品的酥脆与甜腻。蓝色系的背景既将产品更加清楚地被衬托出来，同时也让人产生一种理智与冷静的情感。白色的文字则对产品进行了宣传与推广。

- ■ RGB=112,155,236 CMYK=66,32,0,0
- ■ RGB=237,182,123 CMYK=0,38,54,0
- ■ RGB=93,68,57 CMYK=60,74,78,30
- □ RGB=255,255,255 CMYK=0,0,0,0

美味类电商美工视觉形象设计技巧——增强画面动感

相对于平面图形来说，立体图像更具有视觉冲击力。所以在对美食类电商美工进行设计时，应尽可能展现产品的立体效果。因为在立体动感中，不仅可以让产品较为清楚直观地进行展示，同时也会极大地刺激消费者食欲。

这是一款甜品的详情页设计展示效果。采用中心型的构图方式，将产品直接在画面中间位置呈现，让人垂涎欲滴，极大地刺激了消费者的购买欲望。

倾斜摆放的产品，将其顶部的水果直接展现在消费者眼前。在弧形酸奶与飘动水果的衬托下，整个画面具有很强的动感。

白色的主标题文字与产品交叉摆放，营造了很强的空间立体感。

这是一款汉堡的详情页设计展示效果。将产品以适当放大的方式摆放在画面中，让消费者对其有一个直观的视觉感受。

稍微倾斜摆放的汉堡和旁边的薯条，以悬浮的状态准备着，好像随时要冲出去，具有很强的动感与趣味性。

白色的文字，以竖排的方式进行呈现，一方面对产品进行适当的解释与说明；另一方面增强了画面的稳定性。

配色方案

双色配色	三色配色	四色配色

美味类视觉印象设计赏析

6.2 潮流

随着社会的迅速发展，各种时尚潮流层出不穷，更是充斥在我们的生活中。所以在对潮流类型的电商美工进行视觉印象设计时，要紧随社会发展的潮流趋势，迎合大众的心理。只有这样才能让店铺获得更多消费者的关注，有更好的销售业绩。

设计理念： 这是一款护肤品的详情页设计展示效果。采用中心型的构图方式，将产品放置在画面中间位置，好像从土壤里生长出来一样。紧随社会发展潮流，给消费者以直观的视觉印象。

色彩点评： 整体以大地色为主色调，给人以清新、有生命力的体验效果。淡青色的产品包装在土地的衬托下，极具清新醒目之感。

🌱 好像直接从土壤里生长出来的产品，在周围绿色嫩芽植物的衬托下，极具生机与活力，也从侧面凸显出该产品可以让消费者的肌肤重焕光彩，与消费者对产品的需求心理相吻合。

🌿 画面上下端主次分明的文字，对产品进行了相应的解释与说明，同时丰富了整体的细节设计感。

■ RGB=76,69,67 CMYK=71,71,68,31

■ RGB=172,210,211 CMYK=44,5,21,0

■ RGB=173,190,86 CMYK=44,15,82,0

这是一个女装店铺的产品详情页设计效果。采用文字在中间、模特展示在两端的构图方式，将版面内容进行清晰直观的呈现。以模特展示作为宣传主图，刚好与流行趋势相符合，而且在明暗对比中，凸显产品。中间位置的白色文字对产品进行了直接的说明，具有很好的宣传效果。

■ RGB=95,96,97 CMYK=70,62,58,9

□ RGB=252,252,252 CMYK=1,1,1,0

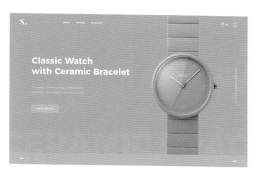

这是一款手表的详情页设计展示效果。将产品以垂直角度直接摆放在画面右侧，使消费者一目了然。产品本身的色调与背景相一致，让画面和谐、统一，而且刚好和流行的冷淡风潮流相吻合，极大地刺激了消费者的购买欲望。少量淡橘色的点缀，为画面增添了一抹亮丽的色彩。

■ RGB=183,180,172 CMYK=33,27,30,0

■ RGB=224,189,102 CMYK=11,31,68,0

潮流类电商美工视觉形象设计技巧——凸显产品特性

追逐潮流的确可以让产品提高曝光度，得到更多消费者的关注，但是一味追求潮流，而没有实质性的内涵与文化，迟早有一天是要被淘汰的。所以在对该类型的电商美工进行视觉形象设计时，在紧跟潮流的同时，也要凸显产品本身具有的特性，只有这样才能让产品得到更多消费者的青睐。

这是一款吊灯的 Banner 设计展示效果。采用中心型的构图方式，将产品直接在画面中间位置呈现，给消费者以直观的视觉印象。

明纯度适中的橙色系背景，让人体会到家的温馨与浪漫，而且与吊灯灯罩的青色形成鲜明的颜色对比，凸显吊灯。

吊灯前方的白色文字对产品有积极的宣传与推广作用。

这是一款椰汁的详情页设计效果。将从中间裂开、椰汁四溅的动感画面作为展示主图，具有很强的视觉刺激感。

相对于平面展示来说，具有动感的立体效果展示更能吸引消费者的注意。将产品进行倾斜摆放，可以让更多的产品细节凸显出来。

产品上方不规则摆放的文字，看似随意却具有独特的美感，而且与产品的活跃、动感相呼应。

配色方案

双色配色	三色配色	四色配色
		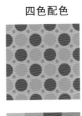

潮流类视觉印象设计赏析

6.3 环保

随着社会的迅速发展，人们的环保意识也在逐渐提升。一款好的产品，除了其本身具有的良好特性与功能之外，也要注重环保问题。因此在对该类型的电商美工进行视觉形象设计时，要尽可能凸显产品在环保方面做出的努力，这样很容易获得消费者的好感。

设计理念：这是一款化妆品的详情页设计展示效果。采用中心型的构图方式，将产品放置在画面中心位置，给消费者以清晰、直观的视觉印象。

色彩点评：整体以浅色为主色调，将产品很好地呈现出来，而且也让画面中小面积的绿色更加醒目，凸显出店铺注重环保健康的经营理念。

① 摆放在画面中间位置的产品，本身没有什么特别之处。但是旁边一枝绿叶的点缀，说明了产品提取材质的绿色纯天然。

② 画面顶部同色系的文字，再一次与产品性质相呼应，具有很好的宣传效果，而其他文字则进行了相应的说明，同时丰富了细节效果。

RGB=247,243,237 CMYK=3,6,8,0
RGB=198,184,168 CMYK=24,29,32,0
RGB=104,131,30 CMYK=72,40,100,1

这是一款护肤品的详情页设计展示效果。采用中心型的构图方式，将产品在画面中间位置呈现，使消费者一目了然。产品下方由树叶摆成的心形图案，一方面凸显产品的绿色与环保；另一方面也体现店铺真诚为消费者提供服务的经营理念。上下两端主次分明的文字，对产品进行了解释与说明。

RGB=237,238,223 CMYK=9,5,15,0
RGB=67,92,23 CMYK=82,53,100,22
RGB=255,255,255 CMYK=0,0,0,0
RGB=177,57,58 CMYK=24,91,80,0

这是一款鞋子的 Banner 设计展示效果。将版面内容放置在白色描边矩形框里，具有很强的视觉聚拢感。周围的绿色植物，在同色系背景的对比下十分醒目，而且也从侧面说明鞋子材质的绿色与环保。中间位置的文字，对产品具有说明与宣传的作用。

RGB=217,218,70 CMYK=23,0,20,0
RGB=114,152,36 CMYK=69,26,100,0
RGB=255,255,255 CMYK=0,0,0,0
RGB=223,168,41 CMYK=9,42,92,0

环保类电商美工视觉形象设计技巧——直接展现绿色健康

环保作为人们经常谈论的话题，在现代社会中已经占据了非常重要的地位。所以在进行该类型的视觉形象设计时，要直接凸显产品具有的绿色环保特征。比如，现在的新能源汽车，直接在车牌上进行体现，让人一看就知道。

这是绿色有机蔬菜的详情页设计展示效果。采用满版式的构图方式，将产品和相关文字在画面中直接体现。画面右侧产品以三列的俯拍形式进行呈现，给消费者以直观的视觉印象。

绿色的蔬菜与绿色的背景，在不同明纯度的对比中，给人以视觉缓冲。左侧文字采用亮色，既对产品进行了说明，同时也具有很好的宣传与推广作用。

这是一款化妆品原材料提取物的详情页设计效果。将植物以圆盘为展示载体，在画面右侧进行呈现。超出画面的部分具有很好的视觉延展性。

绿色的植物在浅色背景的衬托下十分醒目，让消费者对产品原材料有一个直观的视觉印象，而且也凸显该品牌注重环保与健康的经营理念。左侧绿色的文字，让这种氛围又浓了几分。

配色方案

双色配色

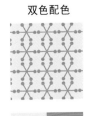

三色配色

四色配色

环保类视觉形象设计赏析

6.4 科技

社会的迅速发展，不仅让人们的生活水平得到了提高，科技的发展更是日新月异。无论在哪一方面，科技都为我们的生活、工作、学习等方面带来了翻天覆地的变化。所以在进行科技类的视觉形象设计时，要将其具有的科技特性与智能化凸显出来。

设计理念：这是一款手机的详情页设计展示效果。采用倾斜型的构图方式，将手机倾斜地摆放在画面中间位置，将更多的细节直接呈现在消费者眼前。

色彩点评：整体以蓝色为主色调，蓝色到紫色渐变的背景，凸显产品的科技性能与不凡的高贵气质；而且与手机背面色调相一致，具有很强的视觉统一感。

■1 产品下方由中心向外扩散的旋涡，具有很强的视觉动感与吸引力。同时也从侧面体现出产品轻薄的特性，让人印象深刻。

■2 画面上方以骨骼型呈现的各种小图标解释，使消费者一目了然，同时具有很好的宣传效果。

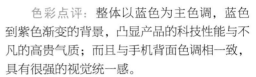

RGB=93,124,236 CMYK=74,51,0,0
RGB=108,50,238 CMYK=75,78,0,0
RGB=255,255,255 CMYK=0,0,0,0

这是一款耳机的宣传 Banner 设计展示效果。以不同角度进行呈现的产品，给人以直观的视觉印象。在适当光照的衬托下，将其具有的科技感淋漓尽致地展现出来。特别是在烟雾背景下，凸显产品的高雅精致与别具一格的时尚感。左侧渐变的折扣文字，具有很好的宣传作用。

RGB=52,52,117 CMYK=94,95,29,1
RGB=245,174,169 CMYK=5,41,26,0
RGB=83,59,55 CMYK=63,77,75,36
RGB=186,234,253 CMYK=38,0,6,0

这是一款手表的 Banner 设计展示效果。采用分割型的构图方式，将产品放置在背景拼接处，给消费者以直观的视觉印象。产品后方的大写字母 S，具有极强的视觉聚拢感，使人一眼就能注意到，也凸显产品的科技感与精致、高雅。

RGB=225,226,231 CMYK=14,10,7,0
RGB=36,36,54 CMYK=91,90,63,49
RGB=100,78,134 CMYK=70,78,24,0
RGB=255,255,255 CMYK=0,0,0,0

科技类电商美工视觉形象设计技巧——运用色调情感

不同的色调有不同的情感，将同一种色调运用在不同的地方，也会带给人不一样的感觉。所以说在对科技类的电商美工进行视觉形象设计时，要运用合适的色调，将产品的科技感、智能化等特性烘托出来，给消费者直观的视觉印象。

这是一个店铺相关电子产品的宣传Banner设计效果。将各种产品以圆弧形作为展示载体，将消费者的注意力全部集中于此，具有很强的宣传与推广效果。

紫色到蓝色的渐变过渡背景，将产品具有的科技感很好地展现出来。在适当光照效果的烘托下，尽显产品的尊贵与时尚。

产品前方的白色文字，对产品进行了相应的解释与说明，同时也丰富了整体的细节设计感。

这是一款产品的详情页设计展示效果。采用中心型的构图方式，将产品直接摆放在画面中间位置，给消费者以直观的视觉印象，使其印象深刻。

青色渐变背景的运用，一方面凸显产品具有的科技与智能，以及淡淡的复古感；另一方面则体现出店铺稳重、成熟的经营理念。

最下方以并置型的构图方式，对不同种类的产品进行了简单的解释与说明。

配色方案

双色配色　　　　　三色配色　　　　　四色配色

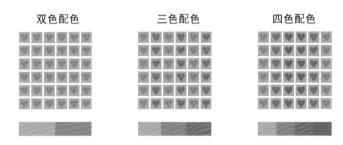

科技类视觉形象设计赏析

在炎炎夏日，人们都想待在空调房，想吃一些能够给自己降温的产品，如冰激淋、带有冰块的饮料等。所以在进行相关设计时，多运用蓝色、绿色、青色等冷色调，在视觉上给消费者带去一定的凉爽感，或者直接将带有降温性质的东西运用在画面中。

设计理念：这是一款产品的宣传 Banner 设计展示效果。整个版式以卡通简笔画的形式呈现，具有很强的趣味性。将主标题摆放在画面中间位置，十分醒目，对产品进行了直接的宣传。

色彩点评：整体以不同明纯度的蓝色为主色调，既给人以清新凉爽之感，而且将海面、天空、冰块等清楚地呈现出来，给人以很强的空间立体感。

🌏躺在中间冰块上的卡通企鹅，极具惬意与舒适的快感，而且也让消费者在观看后有身临其境之感，产生很强的购买欲望。

🐧经过特殊设计的立体主标题文字，与画面整体格调相一致，而其他小文字则进行了相应的说明。

■ RGB=76,123,193 CMYK=81,47,4,0
■ RGB=215,235,255 CMYK=22,2,0,0
■ RGB=225,165,41 CMYK=7,44,91,0

这是一款饮料的详情页设计效果。将产品以倾斜的方式摆放在画面右侧，而且在飞溅的水珠与冰块的烘托下，给人以极强的凉爽之感。绿色的背景既与产品包装色调相一致，同时也凸显出店铺注重环保、健康的经营理念。左侧主次分明的文字，对产品进行了说明，同时也增强了整体的细节感。

■ RGB=92,172,119 CMYK=76,9,69,0
□ RGB=255,255,255 CMYK=0,0,0,0

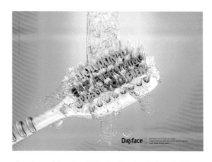

这是一款牙刷的宣传广告设计效果。将产品放大后以倾斜的方式摆放在画面中，给消费者以直观的视觉印象。从顶部倾泻而下的水，给人一种口腔极其清爽干净的视觉体验。牙刷上方多彩的立体文字，极具创意与趣味性，具有很好的宣传效果。右下角的文字，对产品进行了相应的说明。

■ RGB=106,184,203 CMYK=72,7,25,0
■ RGB=244,209,116 CMYK=2,24,62,0
■ RGB=158,246,148 CMYK=54,0,61,0
■ RGB=215,40,28 CMYK=0,93,92,0

凉爽类的电商美工视觉形象设计技巧——借助熟知物件凸显产品特性

在对一些比较抽象化类型的电商美工进行视觉形象设计时，为了让消费者有更加直观的视觉印象与体验感受，可以借助人人熟知的相关物件，从侧面来展现产品的特性与功能。比如，借助花朵来凸显产品的味道；借助冰块来展现产品具有的凉爽惬意感。

这是一款食品的宣传 Banner 设计展示效果。将产品以倾斜的方式摆放在画面中，将每一个细节直接展现在消费者眼前，给其直观的视觉印象。

正常来说面条不能带给人太大的视觉感受，但是冰块的添加，既让人们知道季节和时间，同时又让炎炎夏日在瞬间变得凉爽起来。

少面积橙色的点缀，为单调的画面增添了一抹亮色。主次分明的文字具有很好的宣传效果，同时丰富了整体的细节感。

这是一款冰激凌的详情页设计展示效果。将产品进行放大后直接在画面中心位置展现，具有很强的视觉冲击力。

在夏季来一口冰激凌是一件十分惬意的事情，好像所有的炎热都被一扫而光。产品上方流动的果汁液体，极大地刺激了消费者的购买欲望，而且极具视觉动感效果。

右侧以并置型版式呈现的其他口味产品，具有很好的宣传效果。产品周围的文字对其进行了一定的说明。

配色方案

双色配色

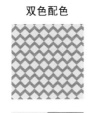

三色配色

四色配色

凉爽类视觉形象设计赏析

6.6 高端

高端产品，深受广大受众追求。这不仅仅是因为产品具有很好的质感，而且是个人身份与地位的象征。所以在对高端类型的电商进行视觉形象设计时，一定要将产品的相应特性凸显出来，这样才能吸引消费者的注意力。

设计理念：这是一款产品的宣传海报设计效果。采用中心型的构图方式，将产品直接

在画面中间位置呈现，具有很强的宣传效果。

色彩点评：整体以紫色为主色调，在不同明纯度的渐变过渡中，将产品具有的高雅与精致直接展现出来，具有很强的视觉吸引力。

🟣 具有高亮效果的产品，十分醒目。底部发散型的光照，让产品的高端气质氛围又浓了几分。产品上方对称摆放的人物，给人一种使用该产品可以增强个人魅力与强大气场的感觉。

🔵 主次分明的白色文字，提高了上下两端暗部的亮度，使其不至于过于暗淡。

RGB=72,30,128 CMYK=84,100,19,0
RGB=233,199,238 CMYK=8,29,0,0
RGB=255,255,255 CMYK=0,0,0,0

这是一款沙发的宣传 Banner 设计展示效果。将产品的局部细节放大作为展示主图，一方面让消费者通过细节对产品有更为详细的了解；另一方面尽显产品的高端与时尚。红色系的渐变背景与沙发本色相一致，具有很强的视觉统一感。左侧的白色文字，对产品进行了相应的解释说明。

RGB=128,50,54 CMYK=46,93,83,14
RGB=214,128,127 CMYK=7,62,40,0
RGB=255,255,255 CMYK=0,0,0,0
RGB=30,30,34 CMYK=87,83,76,65

这是一款化妆品的详情页设计效果。将产品摆放在画面中间位置，给消费者以清晰直观的视觉印象。除了展现产品的全貌之外，对内部质地效果也进行直接的呈现，而且流动的液体给人以很强的视觉动感，在深色背景的衬托下，尽显产品的精致与大气。

RGB=23,32,50 CMYK=98,92,65,52
RGB=167,180,199 CMYK=42,3,24,16,0
RGB=98,137,252 CMYK=71,45,0,0
RGB=216,190,167 CMYK=14,29,34,0

高端电商美工视觉形象设计技巧——凸显产品质感

高端产品最直观的视觉感受就是具有很强的质感，而消费者进行购买也是看中了这一点。所以在对该类型的产品进行视觉形象设计时，要从这一点出发，抓住消费者的心理，最大限度地激发其进行购买的欲望。

这是一款汽车的 Banner 设计展示效果。将产品直接摆放在画面下方位置，在底部投影的衬托下，给人以很强的空间立体感，极具视觉冲击力。

红色系的背景与车身颜色，让整个画面给人以统一和谐的感受，而且也凸显出汽车高端奢侈的质感。

背景中间少面积白色的运用，将文字清楚地展现出来，使消费者一目了然，而且也提高了整个画面的亮度。

这是一款烘焙饼干的 Banner 设计展示效果。将产品以各种形式摆放在画面四周，给消费者以清晰直观的视觉印象。

深色的背景的运用，一方面与产品的橙色形成鲜明的颜色对比，而且也为画面增添了一抹亮丽的色彩；另一方面表现出店铺产品精致与高端的经营理念。

放在画面中间位置的文字，对产品进行了宣传。周围适当的留白，为消费者提供了很好的阅读空间。

配色方案

双色配色　　　　三色配色　　　　四色配色

高端类视觉形象设计赏析

6.7 可爱

儿童产品大多给人可爱、活泼的视觉感受。所以在对可爱类型的电商进行视觉形象设计时，一定要从孩子的角度出发，以孩子的喜好和年龄段特征作为出发点。只有这样才能吸引消费者的注意力，提升其进行购买的欲望。

设计理念：这是一款儿童水杯的详情页设计展示效果。将产品以同一个倾斜角度摆放在画面中，给消费者以清晰直观的视觉印象。而且超出画面的部分，具有很强的视觉延展性与活跃感。

色彩点评：以蓝色作为背景主色调，一方面将各种不同颜色的水杯展现出来；另一方面给人以安全健康的视觉感受，增强对店铺以及品牌的信赖感。

🔵 不同颜色的水杯，将其具有的可爱、活泼等特征呈现出来。两侧的手柄设计，方便儿童喝水。

🔵 最前方的白色主标题文字，具有很好的宣传效果，而其他文字则对产品进行了相应的说明。

- RGB=94,164,218 CMYK=74,22,8,0
- RGB=187,52,140 CMYK=19,90,7,0
- RGB=172,192,86 CMYK=44,13,8,0

这是一款糖果的详情页设计效果。将产品以大小不同的容器作为展示载体，在消费者眼前进行直观的呈现。浅色系的产品本身就非常可爱，给人以满满的食欲感。同时粉色背景与立体卡通人物的运用，让这种感觉又浓了几分。以白底呈现的文字，具有很好的宣传效果。

- RGB=239,217,209 CMYK=3,20,15,0
- RGB=230,192,198 CMYK=5,33,14,0
- RGB=115,138,209 CMYK=65,43,0,0
- RGB=233,168,217 CMYK=5,45,0,0

这是儿童相关产品的详情页设计效果。以白色描边矩形框作为产品展示边界，具有很强的视觉聚拢感。产品以高低大小不同有序地进行摆放，给消费者以清晰直观的视觉印象，同时具有很好的宣传效果。各种的卡通动物，尽显产品的可爱与活泼。

- RGB=229,147,179 CMYK=0,56,9,0
- RGB=242,207,70 CMYK=4,23,82,0
- RGB=143,198,232 CMYK=56,7,9,0
- RGB=222,80,122 CMYK=0,82,30,0

可爱类的电商美工视觉形象设计技巧——多用亮丽的色彩

可爱类型的电商，一般多以儿童产品为主。所以在对该类型的视觉形象进行设计时，要抓住儿童对事物好奇，而且本身活泼好动的特性，多采用亮丽的色彩。这样一方面可以很好地激发其探索欲望；另一方面也非常引人注意，具有很好的宣传效果。

这是一款儿童线上教育课程的详情页设计效果。以倒立儿童作为展示主图，具有很强的视觉冲击力，将儿童活泼、可爱的特性直接凸显出来。同时也表明了产品的目标人群，具有积极的宣传作用。

亮黄色背景的运用，将版面内容进行了很好的展现，十分醒目。同时与小面积的红色形成对比，让整个画面更加丰富。

左侧主次分明的文字，对产品进行了相应的解释与说明。

这是一款儿童节的宣传海报设计效果。将文字以白底矩形作为载体进行呈现，具有很强的视觉聚拢感，十分醒目。

蓝色系背景运用，给人以清新明朗的视觉感受。特别是各种亮色球体的添加，让单调的背景瞬间丰富起来，营造了一种活跃、积极的氛围。

以球体颜色作为主标题文字的主色调，让整个画面整齐统一。小文字则具有解释说明与丰富画面细节的效果。

配色方案

双色配色   三色配色   四色配色

可爱类视觉形象设计赏析

6.8 品质

随着社会的迅速发展，人们也越来越追求高品质的生活。比如，使用高端化妆品、为生活提供便利的高科技电器等。所以在对品质类型的电商进行视觉形象设计时，要尽可能展现产品具有的品质特性，这样才能吸引更多消费者的注意。

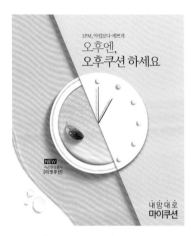

设计理念：这是一款化妆品的宣传广告设计效果。采用分割型的构图方式，将产品清楚明了地呈现在消费者眼前，给其直观的视觉印象。

色彩点评：整体以产品本色为主色调，而且在淡青色的对比中，给人以柔和的视觉感受，凸显产品。

🌀 将产品以钟表的形式呈现，一方面将产品细节进行直接的呈现，而且流动的粉底质地，给人以很强的视觉动感；另一方面也凸显产品长久的持妆效果，给人以高端时尚的视觉感受。

🌀 右上角的主标题文字，具有很好的宣传效果。产品附近的文字则对产品进行相应的解释与说明。

- RGB=232,206,175 CMYK=7,24,32,0
- RGB=215,232,214 CMYK=23,2,21,0
- RGB=255,255,255 CMYK=0,0,0,0

这是一款口红的详情页设计展示效果。以口红质地作为背景，而且流动的液体，给人很强的视觉动感。同时也凸显产品的高端与奢华。好像从高空坠落的产品，在背景中具有很强的回弹感。右侧主次分明的文字，对产品进行了说明。

- RGB=117,20,19 CMYK=48,100,100,22
- RGB=255,255,255 CMYK=0,0,0,0
- RGB=245,229,187 CMYK=3,13,31,0
- RGB=7,5,11 CMYK=93,89,87,78

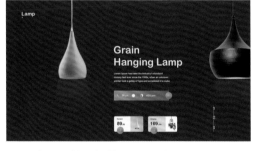

这是一款吊灯的 Banner 设计展示效果。将不同的产品在画面的左右两端进行呈现，给消费者以清晰直观的视觉印象。在深色背景的衬托下，尽显产品的精致与时尚。绿色的灯罩十分醒目，给画面增添了一抹亮丽的色彩。产品中间部位的文字，具有很好的宣传效果。

- RGB=50,50,72 CMYK=87,86,57,32
- RGB=181,207,125 CMYK=41,6,64,0
- RGB=27,27,28 CMYK=86,82,80,69
- RGB=253,254,212 CMYK=4,0,24,0

品质类的电商美工视觉形象设计技巧——凸显产品特性

极具品质的电商美工，一般是比较高雅且有一定格调的。所以在对该类型的电商美工进行视觉形象设计时，要将产品这方面的特性凸显出来。这样不仅可以吸引更多消费者的注意，也可以大大加强对产品的宣传与推广。

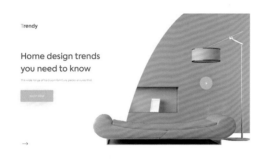

这是一款沙发的宣传 Banner 设计展示效果。采用分割型的构图方式，将背景一分为二。在不同明纯度绿色的对比中，将产品清楚直观地展现出来，十分醒目。

产品的橘色与背景的绿色，在鲜明颜色对比中，凸显产品的精致与高雅。同时给人以清新亮丽的视觉感受。

左侧简单的文字，对产品进行了解释与说明。适当的留白，为消费者营造一个很好的阅读空间。

这是一款耳机的详情页设计展示效果。将产品作为展示主图，在画面中间位置进行直接呈现，给消费者以直观的视觉印象。

背景中的橙色与黑色，在鲜明的颜色对比中，给人以醒目的视觉感受，而且凸显产品的高端与时尚。

不同颜色的主标题文字，对产品具有很好的宣传与推广效果。其他字号小的文字，既对产品进行解释与说明，同时也增强了整体的细节设计感。

配色方案

双色配色	三色配色	四色配色

品质类视觉形象设计赏析

6.9 复古

众所周知，时尚潮流是不断轮回往复的。时下正流行的古典主义风潮渗透到时尚舞台的每个角落，饰品设计更是着重于极富装饰性的复古风格。所以在对该类型的电商美工进行视觉形象设计时，一定要凸显复古的特性与风格。

设计理念：这是一款女士手提包的详情页设计展示效果。将产品以圆形作为产品展示的限制图形，具有很强的视觉聚拢感，让消费者的注意力全部集中于此，极具宣传效果。

色彩点评：整体以黑色作为背景主色调，将产品直接明了地展现出来，而且橘色和绿色的运用，营造了浓浓的复古氛围。特别是人物局部服饰效果的展示，让这种感受又浓了几分。

🔵 将手提包作为展示主图，一方面将产品细节进行直接展现；另一方面避免了喧宾夺主的视觉效果。

🟢 最上方的白色主标题文字，极具积极的宣传效果，而且提高了画面的整体亮度。四个角落的小文字，增强了画面的稳定性与细节感。

■ RGB=18,10,12 CMYK=88,88,85,77
■ RGB=144,57,45 CMYK=41,91,96,7
■ RGB=31,34,16 CMYK=84,75,98,67

这是一款装饰品的详情页设计展示效果。将产品以放大的形式直接在画面右侧进行呈现，将产品的花瓣纹路以及整体走向，直观地展现在消费者眼前。金属色泽在深色背景的烘托下，十分醒目，具有很强的复古格调。文字和产品之间的适当留白，为消费者营造了一个很好的阅读空间。

■ RGB=32,32,32 CMYK=84,80,79,66
■ RGB=154,130,89 CMYK=44,51,71,0

这是一款老式相机的宣传 Banner 计展示效果。将产品直接在画面中进行呈现，十分醒目。在不同明纯度橙色背景的衬托下，既凸显出产品的复古格调，又不乏时尚与活跃。左侧主次分明的白色文字，对产品具有很好的宣传效果。

■ RGB=227,126,100 CMYK=0,64,55,0
■ RGB=217,109,60 CMYK=3,71,78,0
■ RGB=0,0,0 CMYK=93,88,89,80
□ RGB=255,255,255 CMYK=0,0,0,0

复古类的电商美工视觉形象设计技巧——注重氛围的营造

复古类的电商美工在进行视觉形象设计时，一定要注重复古风格格调氛围的营造。因为色彩具有直观的视觉冲击力，人对色彩的感知是比较强烈的。这样不仅可以提高消费者的辨识能力，也可以让相应的店铺脱颖而出，具有很好的宣传与推广效果。

这是一款耳机的详情页设计展示效果。将产品以倾斜的方式摆放在画面中间位置，给消费者以直观的视觉印象。

浅棕色的背景，凸显产品。在与产品颜色的对比中，复古情调更浓郁。同时适当的光照，增强了整体的空间立体感。

右下角简单的白色文字，既对产品进行了相应的解释与说明，同时也有丰富整体的细节效果。

这是一款女士长裙的详情页设计效果。将服饰以模特展示的方式在画面中呈现，给人直观的视觉感受。

极具复古色调的长裙，在编织沙发的衬托下，让这种复古氛围又浓了几分，给消费者很强的视觉冲击力，易分辨。

白色半透明的文字，对产品具有很好的宣传与推广作用，同时也对画面进行了一定的装饰。

配色方案

双色配色

三色配色

四色配色

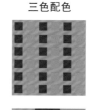

复古类视觉形象设计赏析

第**7**章 电商美工设计的秘籍

店铺形象是整体产品宣传的外在可视形象，可以引发人的思考传播形态，对产品的销售与宣传有直接的决定作用。

所以在对电商美工进行设计时一定要从店铺本身出发，以店铺的发展方向为立足点，让设计尽可能地与企业整体文化思想、经营模式、管理理念等相吻合。只有这样，通过各种产品展示效果，店铺才能脱颖而出，加深消费者的认知。

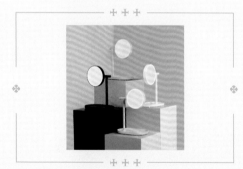

7.1 图文结合使信息传达最大化

随着社会发展的不断加速，受众的阅读习惯也由原来的大段文字阅读，转换为先看图然后看其他辅助性的说明性文字。所以在对电商美工进行设计时，一定要做到图文结合，将产品作为展示主图，然后结合相应的文字，使受众在最短的时间内接收到的信息量最大化。

设计理念：这是一款食品的详情页设计展示效果。采用折线跳跃的构图方式，将产品直接展现在消费者眼前，给其清晰直观的视觉印象。

色彩点评：整体以黄色为主色调，在不同明纯度之间形成对比，将产品很好地展现出来，而且让消费者的视觉也得到缓冲。

🔵 右侧以大图展示的产品，采用折线跳跃的方式，具有很好的视觉跳跃动感。少量白色简笔画的装饰，为整个画面增添了不少趣味性。

🔵 左侧主次分明的文字，既对产品进行了一定的解释与说明，同时也丰富了整体的细节效果。

■ RGB=252,248,219 CMYK=2,3,19,0
■ RGB=245,220,56 CMYK=6,16,87,0
■ RGB=25,26,29 CMYK=88,84,79,69

这是一款婴儿奶粉的详情页设计展示效果。采用左右分割的构图方式，将产品以一前一后的摆放角度进行呈现，使消费者一目了然。产品旁边的黑色文字则对每一款产品进行进一步的补充说明，让消费者对其有更清楚的认识。最右侧的白色主标题文字具有很好的宣传与推广作用。

■ RGB=111,149,222 CMYK=67,35,0,0
■ RGB=216,189,111 CMYK=16,29,64,0
□ RGB=255,255,255 CMYK=0,0,0,0
■ RGB=78,60,41 CMYK=64,73,90,41

这是一个女士服装店铺的产品宣传详情页设计效果。采用左右分割的构图方式，将产品以模特展示的形式呈现出来，给人以直观的视觉印象。模特的独特造型，在渐变背景的配合下，给人以较强的视觉动感和亮丽的时尚感。左侧主次分明的简单文字对产品进行了说明，丰富细节。

■ RGB=197,63,72 CMYK=12,88,66,0
■ RGB=176,63,96 CMYK=24,88,47,0
■ RGB=232,169,118 CMYK=1,44,54,0
▨ RGB=245,234,231 CMYK=2,11,8,0

7.2 运用对比色彩增强视觉刺激

色彩是视觉元素中对视觉刺激最敏感、反应最快的视觉信息符号,所以人在感知信息时,色彩的效果要优于其他形态。比如可口可乐的红色,百事可乐的蓝色和红色,这些都给人以强烈的视觉刺激,使人难以忘怀。所以,适当运用对比色彩,可以给受众留下深刻的视觉印象。

设计理念:这是一个化妆品店铺相关产品的宣传详情页设计效果。整体采用左右分割的构图方式,将产品和相应的文字介绍直接呈现在消费者眼前。

色彩点评:整体以刺激性较强的红色为主色调,让人眼前一亮。背景中间位置少面积绿色的运用,在与红色的鲜明对比中将产品清楚地展现出来。

与背景中绿色面积倾斜角度相对摆放的产品,一方面增强了整个画面的稳定性,另一方面打破规矩摆放的单调与乏味,具有沽跃的动感气息。

左侧将主标题文字以大号字体和不同的颜色进行呈现,让人一目了然。

RGB=195,63,40 CMYK=13,89,91,0
RGB=44,77,69 CMYK=92,61,75,30
RGB=246,242,164 CMYK=9,4,45,0

这是一款食品的详情页设计展示效果。采用折线跳跃的构图方式,而且产品下方还跨出画面,画面活跃,具有很强的视觉延展性。整体以青色为主色调,与包装的黄色形成鲜明的颜色对比,将产品清晰直观地展现出来,让人一目了然。右侧的白色文字在背景的衬托下,也十分明显地对信息进行传达。

RGB=106,183,201 CMYK=71,8,25,0
RGB=246,224,98 CMYK=6,14,71,0
RGB=255,255,255 CMYK=0,0,0,0
RGB=218,202,157 CMYK=16,22,43,0

这是一个服饰店铺相关产品的详情页设计展示效果。采用左右分割的构图方式,红色和蓝色各占一半的背景,在颜色的对比中给人强烈的视觉冲击。将产品以凳子为载体进行呈现,给人以一定的立体空间感。白色的文字在红色背景的衬托下十分醒目,具有很好的宣传与推广效果。

RGB=167,43,49 CMYK=30,96,89,0
RGB=195,225,232 CMYK=33,2,11,0
RGB=255,255,255 CMYK=0,0,0,0
RGB=165,113,54 CMYK=36,63,92,1

7.3 以模特展示呈现出最佳立体空间效果

日常生活中我们选购商品时，都倾向于观看实物的立体展示效果。因为立体呈现不仅可以让消费者从不同的角度，尽可能详细地观看到产品细节，而且可以增强消费者对店铺以及品牌的信赖感和好感度。

设计理念：这是一个店铺相关产品的详情页设计效果。采用左右分割的构图方式，在左侧将产品以模特进行直接的展示，给消费者营造了一个很好的立体空间视觉环境。

色彩点评：整体以蓝色为主色调，在不同明纯度的对比之中，给消费者以视觉冲击。少面积橙色的点缀，为单调的画面增添了一抹亮丽的色彩。

🌐 整个模特展示将腿部进行放大处理，让消费者对产品细节有了清晰直观的视觉印象。同时也给画面增添了动感与活力，具有很强的创意感。

②右侧文字以不同的字号和字体进行呈现，在适当的留白空间中有很好的宣传与传播效果。

▇ RGB=36,52,86 CMYK=99,90,20,20
▇ RGB=164,173,182 CMYK=42,27,23,0
▇ RGB=173,77,65 CMYK=28,83,76,0

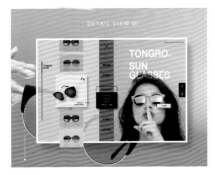

这是一个眼镜店铺相关产品的详情页设计效果。采用中心型的构图方式，将产品和模特展示以白色矩形为载体放在画面中间位置，十分醒目。在适当投影的衬托下，给人以很强的空间立体感，可以让消费者对眼镜的佩戴效果有较为直观的认识。

▇ RGB=247,180,198 CMYK=0,42,90,0
▇ RGB=252,222,152 CMYK=0,18,46,0
▇ RGB=239,61,149 CMYK=0,85,60,0
▇ RGB=0,0,0 CMYK=93,88,89,80

这是一个女鞋店铺的产品详情页设计效果。采用并置型的构图方式，将产品以模特展示的方式进行呈现，给人以清晰直观的立体视觉印象。模特以不同角度、借助不同载体、借助服饰的搭配呈现女鞋，不仅可以让消费者对鞋子有清楚的认识，而且也提供了搭配的参考范例。

▇ RGB=245,236,224 CMYK=3,9,13,0
▇ RGB=0,0,0 CMYK=93,88,89,80
▇ RGB=155,73,67 CMYK=38,84,76,2
▇ RGB=180,204,190 CMYK=39,11,29,0

7.4 产品细节放大效果增强信任感

我们在网上浏览各种店铺与网页时，总希望看到与产品相关的细节，特别是一些精致、奢华的产品。因为大多数产品以整体概貌的形式呈现，给人的视觉冲击力并没有那么强烈。将产品的一些细节进行放大展示，不仅可以让消费者对产品有进一步的了解，同时还极大地增强了其对店铺以及品牌的信任感与好感度，而这对一家电商来说是至关重要的。

设计理念：这是一个水果店铺产品的详情页设计展示效果。采用中心型的构图方式，将产品直接摆放在画面中间位置，给消费者以清晰直观的视觉印象。

色彩点评：整体以青色作为主色调，与产品的红色形成鲜明的颜色对比，将其很好地展现出来。少量绿色的点缀，既表明的产品的新鲜与健康，同时也丰富了整体的色彩搭配。

🔵 将产品以原貌与内部效果相结合的方式进行展示，而且进行放大处理，让消费者对产品内部肉质有一个直观的视觉感受。

🔵 在产品后面的白色主标题文字，十分醒目，具有很好的宣传效果。

	RGB=150,213,186 CMYK=55,0,38,0
	RGB=191,6,4 CMYK=15,99,100,0
	RGB=255,255,255 CMYK=0,0,0,0

这是一款食品的详情页设计展示效果。采用文字在两端、图片在中间的构图方式，在适当的留白中将产品进行清楚的呈现。特别是产品中间放大处理，将每一个细节都直观地展现在消费者眼前，很容易让人对店铺产生信赖。产品左侧缩小版的人物，以讲话的方式对产品进行说明，趣味性十足。

- RGB=255,215,51 CMYK=5,18,88,0
- RGB=88,85,80 CMYK=70,64,66,19
- RGB=255,255,255 CMYK=0,0,0,0
- RGB=0,0,0 CMYK=93,88,89,80

这是一款食品的详情页设计展示效果。将放大的产品直接作为展示主图，而且将内部质地也进行清晰呈现，使消费者一目了然。产品上方的白色曲线，让整个画面具有较强的趣味性。左侧主次分明的文字对产品进行了一定的解释与说明。

- RGB=224,224,224 CMYK=14,11,11,0
- RGB=209,157,57 CMYK=15,45,87,0

7.5 运用颜色情感凸显产品格调

众所周知，不同的色彩会给人不同的心理感受，让人产生丰富的联想，让各种文化心理因素、色彩具有各种特征，进而影响人的注意力和思维活动。不仅如此，色彩也可以凸显产品具有的格调与内涵。因此在进行设计时要选用能够反映产品格调与品牌内涵的色彩。

设计理念： 这是一款护肤产品的详情页设计展示效果。采用满版式的构图方式，将产品和文字直接展现在消费者眼前，使其印象深刻。

色彩点评： 整体以绿色为主色调，给人清新亮丽的视觉印象。在小面积白色的衬托下，既将产品很好地展现出来，也提高了画面的整体亮度。

🟢 将不同种类产品以俯视的角度进行呈现，可以让消费者有一个清晰直观的认识。旁边绿色叶子的摆放，一方面与店铺的文化主题相吻合；另一方面凸显产品亲肤自然的特性。

🟢 黑色加粗的主标题文字，对信息具有很好的宣传效果，而其他文字则让整个画面极具细节设计感。

RGB=189,212,207 CMYK=35,8,21,0
RGB=165,204,173 CMYK=48,5,40,0
RGB=0,0,0 CMYK=93,88,89,80

这是一款润唇膏的宣传 Banner 设计展示效果。采用左右分割的构图方式，将产品以不同的摆放角度进行呈现，给人以极强的视觉动感。背景的粉色与产品形成同色系的颜色对比，将其很好地展现出来。蛋糕的装饰，一方面表明了产品的口味与可食用的特性；另一方面则用食物的美味来激发消费者的购买欲望，创意十足。

RGB=229,203,228 CMYK=8,27,0,0
RGB=187,42,52 CMYK=18,95,82,0
RGB=244,242,233 CMYK=5,5,10,0
RGB=233,160,128 CMYK=0,49,46,0

这是一款手表的详情页设计展示效果。产品正反面分别展现的形式，给消费者直观的视觉印象。黑色和橙色在对比中，既凸显产品，同时给人以年轻、有活力但却不失时尚的视觉体验。

RGB=23,23,23 CMYK=87,83,83,72
RGB=255,255,255 CMYK=0,0,0,0
RGB=210,85,86 CMYK=4,81,79,0

7.6 借助人们熟知的物品体现产品特性

我们在实体店买东西时，可以通过触摸、嗅觉等来对产品进行感知。而网上购物只能通过观看来感知，对产品的销售有很大的局限性。所以在进行相应的美工设计时，可以借助人们熟悉的物品来间接体现产品特性。比如，一款护肤品，为了体现其香味的种类，在设计时可以在产品旁边放置一朵体现香味的花。

设计理念：这是一款护肤品的详情页设计展示效果。采用中心型的构图方式，将产品放置在画面中心位置，给消费者以清晰直观的视觉印象。

色彩点评：整体以单色为主色调，一方面可以很好地凸显产品；另一方面展现产品亲肤柔和的特性。

❶ 放在画面中间位置的产品，只是展现其外观效果。两侧摆放的花朵既表明了产品的香味，同时也具有很好的装饰效果，凸显品牌的清淡雅致。

❷ 上下两端的文字，既对产品进行解释与说明，同时也丰富了画面的细节设计效果。

- RGB=232,224,226 CMYK=9,14,8,0
- RGB=179,128,77 CMYK=29,57,76,0
- RGB=119,126,174 CMYK=62,51,14,0

这是一款饮料的详情页设计展示效果。采用折线跳跃的构图方式，将产品以倾斜的方式摆放在画面右侧，而且超出画面的部分给人以极强的视觉动感与延展性。产品周围悬浮飘动的柠檬，一方面与绿色形成鲜明的颜色对比；另一方面表明了产品的口味。左侧主次分明的文字，具有很好的解释说明与宣传作用。

- RGB=131,202,130 CMYK=64,0,65,0
- RGB=245,235,69 CMYK=8,6,83,0

这是一款宝宝服饰的详情页设计展示效果。将趴在毯子上方熟睡的宝宝作为展示主图，一方面以此来凸显产品的柔软与亲肤，不会对宝宝的皮肤造成伤害；另一方面具有很强的视觉冲击力。在画面上方的文字，以不同的颜色与大小来对信息进行传达。

- RGB=209,218,227 CMYK=23,11,9,0
- RGB=255,255,255 CMYK=0,0,0,0
- RGB=43,75,111 CMYK=96,76,43,0

7.7 运用小的装饰物件丰富画面的细节效果

在一个画面中，如果只是一味地展示产品主图，虽然可以让消费者对其有一个较为直观的视觉印象，但是会让整体显得特别空旷。所以在进行美工设计时，一些必要的细节还是要有的。比如，可以用一些小的装饰物件，甚至简单的线条都会给人不一样的感觉。

设计理念：这是一个家具店铺相关产品的详情页设计展示效果。采用满版式的构图方式，将产品和相关信息直接展现在消费者眼前，给其以直观的视觉印象，具有很好的宣传与推广效果。

色彩点评：整体以单色为主色调，以浅蓝和浅黄拼接的背景，在对比中既将产品展现出来，而且具有一定的空间立体感。

🔵 放在画面下方的产品，具有很直观的视觉效果。但是在家具、简笔画的整体配合下，不仅凸显产品，而且营造了一种家的温馨与幸福感，具有很强的细节设计感，创意十足。

🔵 白色的主标题文字，在蓝色背景下十分醒目，而产品旁边的文字则进行一定的解释与说明。

RGB=188,218,243 CMYK=36,6,3,0
RGB=249,248,195 CMYK=6,2,33,0
RGB=224,118,52 CMYK=0,67,83,0

这是一款产品的详情页设计展示效果。采用折线跳跃的构图方式，让整个画面具有很强的动感与视觉延展性。在产品周围海水波浪效果的添加，既与背景相呼应，也丰富了画面的细节感。以夸张手法缩小的人物，极具趣味性与创意感。简单的文字则对产品进行适当的解释，具有宣传推广效果。

RGB=202,231,252 CMYK=29,1,1,0
RGB=170,169,165 CMYK=38,31,32,0

这是一款产品的详情页设计展示效果。采用上下分割的构图方式，将产品以大图的形式摆放在画面中间位置，十分醒目。在黄色与红色的色彩对比中，给人以视觉冲击力。特别是背景中大小不一、橘色圆形的装饰，打破了背景的单调与乏味。白色的主标题文字，具有很好的宣传作用。

RGB=243,208,56 CMYK=4,23,87,0
RGB=201,32,24 CMYK=8,96,100,0

随着社会的迅速发展，越来越多的人选择在网上购物，这样不仅方便快捷，同时还可以节省很多时间。但是存在着展示图片过度修整，与实际产品有一定差距的情况。所以在进行相应的美工设计时，要尽可能少地对产品进行修饰，展现其本来面貌。

设计理念：这是一款女士单肩包的详情页设计展示效果。采用对角线的构图方式，将产品和相关文字清晰直观地展现在消费者眼前。

色彩点评：整体以黄色为主色调。两种

不同明纯度的黄色拼接背景，既给人以视觉缓冲感，同时将产品很好地展现出来。

🔵 以不同角度进行原貌呈现的产品，让消费者对产品有一个清楚的认知。在适当投影的衬托下，营造了很强的空间立体感。

🔵 将主标题文字以黑色矩形框作为呈现载体，具有很好的视觉聚拢感与宣传效果。而在矩形框外的其他文字，则对产品进行了一定的说明。

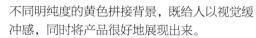

RGB=225,193,90 CMYK=12,28,73,0

RGB=247,226,133 CMYK=4,14,57,0

RGB=5,3,1 CMYK=93,88,89,80

这是一款化妆品的详情页设计展示效果。采用左右分割的构图方式，将产品进行放大处理后放在画面右侧，可以让消费者对产品原貌有一个清晰直观的认识。同时以产品的内部质地作为背景，具有视觉冲击力，使人印象深刻。左侧在主标题文字上下方的两条横线，具有很强的细节设计感。

RGB=222,198,174 CMYK=12,26,31,0

RGB=239,232,223 CMYK=7,10,13,0

RGB=255,255,255 CMYK=0,0,0,0

RGB=196,126,108 CMYK=18,61,53,0

这是一个水果店铺相关产品的详情页设计展示效果。将水果的实际拍摄效果作为展示主图，没有过多的修饰，给消费者以直观的视觉印象。背景和左侧的主标题文字颜色，均采用桃子的色调，具有很强的视觉统一感。

RGB=246,224,139 CMYK=4,15,54,0

RGB=213,52,26 CMYK=0,91,94,0

RGB=129,25,47 CMYK=45,100,88,84

7.9 以产品本色作为背景主色调，营造和谐统一感

整齐统一的画面，不仅给观看者带来美的享受，而且也可以极大地提升店铺的销售业绩。所以在进行美工设计时，可以以产品本色作为背景主色调，这样既可以减轻设计压力，同时也会营造一种统一和谐的视觉体验。

设计理念：这是一款与草莓相关食品的宣传海报设计效果。将产品的实拍图片作为展示主图，给消费者以清晰直观的视觉印象，十分醒目。

色彩点评：整体以草莓的红色为主色调，在不同明纯度的对比中，既凸显产品，同时也让消费者的视觉得到一定程度的缓冲。

🍓 倾斜角度摆放并超出画面的产品，给人以视觉动感与延展性。在同色系背景的衬托下，具有很强的统一和谐感。

🍓 小面积白色盘子和文字的运用，提高了画面的整体亮度，同时也让细节效果更加丰富。

RGB=224,99,126 CMYK=0,75,32,0

RGB=238,189,221 CMYK=1,37,0,0

RGB=255,255,255 CMYK=0,0,0,0

这是一款鸡蛋的详情页设计展示效果。采用中心型的构图方式，将盛放在筐里的鸡蛋直接放置在画面中间位置，具有很强的视觉聚拢感。以鸡蛋本色作为背景主色调，既将产品清楚地展现出来，同时让整个画面具有很强的视觉统一感。产品周围简单的文字，具有解释说明与丰富画面细节效果的双重作用。

RGB=138,188,163 CMYK=0,36,330

RGB=194,106,46 CMYK=17,70,90,0

RGB=59,97,60 CMYK=78,74,68,40

RGB=142,99,57 CMYK=45,67,90,0

这是一款食品的详情页设计展示效果。将不同产品放大后以前后错开的方式进行摆放，给消费者以清晰直观的视觉印象。以产品本色作为背景主色调，既凸显产品，同时让整个画面具有和谐统一感。

RGB=239,202,123 CMYK=3,27,58,0

RGB=231,189,98 CMYK=7,32,69,0

RGB=42,34,30 CMYK=76,80,84,64

将多种色彩进行巧妙的组合

色彩是视觉传达信息的一个重要因素，能表达情感，能给人们带来不同的情绪、精神以及行动反应。在对电商美工进行设计时，色彩的调制与运用得当，不仅可以成为店铺宣传与推广的利器，还可以为消费者的生活增添无比的美感。

设计理念：这是一个店铺宣传文字的设计展示效果。采用中心型的构图方式，将主标题文字摆放在画面中间位置，十分醒目，具有很好的宣传效果。

色彩点评：整体以多种颜色为主，背景由橘色到洋红色的渐变过渡，与在画面中间的紫色矩形形成鲜明的颜色对比，给人以较强的视觉冲击。

🟣 背景中大小不一的黄色正圆和紫色倾斜直线，打破了画面的单调与乏味，同时增添了活力与动感。

🟡 画面中间位置的黄色主标题文字，在紫色背景的衬托下十分醒目。不同颜色的文字重叠错开摆放，营造了很强的空间立体感。

- RGB=243,209,53 CMYK=4,22,87,0
- RGB=218,30,182 CMYK=17,84,0,0
- RGB=72,18,219 CMYK=84,82,0,0

这是一个店铺相关产品宣传的 Banner 设计展示效果。以立体的红色和黄色展示面作为背景的一部分，在适当投影的衬托下，具有很强的空间立体感。同时少面积绿色的运用，增强了画面的色彩对比效果。多彩的背景将无彩色系产品清楚明了地展现出来，使消费者一目了然。

- RGB=177,57,58 CMYK=24,91,80,0
- RGB=238,217,125 CMYK=8,17,60,0
- RGB=187,194,140 CMYK=34,18,53,0
- RGB=0,0,0 CMYK=93,88,89,80

这是箱包店铺相关产品的宣传 Banner 设计展示效果。以红色和紫色作为背景主色调，在对比中将产品和文字很好地展现出来。以紫色的几何图形作为文字展示的载体，既与背景相统一，同时也与文字颜色形成对比，使其具有良好的宣传与推广效果。整个画面将多种颜色进行巧妙组合，给受众以视觉冲击。

- RGB=202,52,64 CMYK=8,91,70,0
- RGB=73,16,97 CMYK=84,100,50,6
- RGB=255,255,255 CMYK=0,0,0,0
- RGB=249,238,59 CMYK=8,4,86,0

7.11 与消费者对产品的需求与嗜好相结合

　　每一个店铺都有特定的消费群体与消费对象，而且他们对品牌的需求与嗜好也不尽相同。所以在进行美工设计时，一定要从消费者的立场出发，站在消费者的角度进行考虑。比如，消费者在选择水果蔬菜时最看重的就是产品是否足够新鲜与健康，此时我们就可以使用能够营造这种视觉氛围的颜色来满足其需求。

　　设计理念：这是蔬菜店铺产品宣传的海报设计展示效果。采用中心型的构图方式，将

产品以心型外观进行呈现，给消费者以直观的视觉体验。

　　色彩点评：整体以绿色作为主色调，绿色与白色拼接的背景，在对比中既凸显产品，同时也给人以清新天然的视觉印象。

　　❶将各种蔬菜以心型为外观进行呈现，一方面让消费者对产品有更加清晰的认识；另一方面凸显店铺用心服务的经营理念。

　　❷倾斜摆放的白色餐具，为画面增添了动感与活跃氛围，同时也提高了整体的亮度。主次分明的文字则对产品进行了说明，同时提高了细节设计感。

RGB=150,185,80 CMYK=55,11,87,0

RGB=193,208,139 CMYK=34,9,56,0

RGB=255,255,255 CMYK=0,0,0,0

　　这是一款儿童书籍的详情页设计展示效果。采用中心型的构图方式，将产品以立体的形式直接摆放在画面中间位置，十分醒目。在书籍后面的亲子阅读简笔画，正好与消费者的购买欲望相吻合，具有很强的视觉冲击力与刺激感。

■ RGB=138,126,221 CMYK=54,53,0,0

■ RGB=208,92,50 CMYK=7,77,84,0

□ RGB=255,255,255 CMYK=0,0,0,0

■ RGB=113,197,184 CMYK=69,0,39,0

　　这是一款手表宣传的 Banner 设计展示效果。以紫色和蓝色作为背景主色调，在渐变过渡中将产品具有的科技与智能直接呈现在消费者眼前，具有很强的视觉冲击力。摆放在画面右侧的产品，在周围立体图形的衬托下，具有很强的活力与立体动感。

■ RGB=79,34,212 CMYK=82,82,0,0

■ RGB=74,125,204 CMYK=81,46,0,0

■ RGB=143,230,246 CMYK=44,0,11,0

■ RGB=107,119,161 CMYK=68,53,21,0

凸显产品的亮点与特性

7.12

每一个店铺甚至每一件产品,都有属于自己的亮点与特性。所以在进行美工设计时,要将这些重点凸显出来。这样不仅有利于消费者对产品有更为直接准确的了解,同时也可以增强其对产品以及品牌的信任感与好感度。

设计理念:这是圣诞节相关产品的宣传海报设计展示效果。采用上下分割的构图方式,将产品摆放在画面中间位置,给消费者以清晰直观的视觉印象。

色彩点评:深蓝色天空和雪白色地面构成的背景,在一明一暗的对比中,给人以较强的视觉刺激。飘落的雪花,使画面充满活跃的动感氛围。

❶画面中间位置适当放大的咖啡,让人一眼就能看到。红色杯子在雪白色地面的衬托下十分醒目,似乎将受众的注意力全部集中于此。

❷最上方的手写主标题文字,给人以节日身心放松的愉悦感,其他文字则提高了画面的细节设计感。

■ RGB=27,36,51 CMYK=95,88,66,52
■ RGB=204,208,214 CMYK=24,16,13,0
■ RGB=191,4,52 CMYK=14,99,80,0

这是一款护肤品的详情页设计效果。以模特使用该产品的实景拍摄图像作为展示主图,将产品质地与效果直接展现在消费者眼前。消费者在观看的时候有一种很强的身临其境之感,激发购买欲望。在模特手下方的红色和紫色相拼接的倾斜背景,具有很强的视觉聚拢感。

■ RGB=226,116,112 CMYK=0,69,46,0
■ RGB=143,148,221 CMYK=49,45,0,0
□ RGB=255,255,255 CMYK=0,0,0,0

这是一款口红的详情页设计展示效果。采用中心型的构图方式,将产品直接摆放在画面中间位置,让消费者对其颜色有一个直观的视觉印象。与深色的背景形成同色系的颜色对比,将其亮丽时尚的特性展现出来。顶部的白色文字对产品进行了相应的说明,同时也丰富了细节设计效果。

■ RGB=134,33,25 CMYK=44,99,100,12
■ RGB=255,22,12 CMYK=0,91,78,0
□ RGB=255,255,255 CMYK=0,0,0,0
■ RGB=19,74,26 CMYK=99,57,100,37

7.13 排版文字要主次分明，简单易懂

在这个快节奏的社会生活中，人们更加偏向于图像阅读。因为图像给人更直观的视觉体验效果，而且还能加快阅读速度。虽然这种现象较为普遍，但也不能说明文字就不重要，相反文字还是必不可少的。所以在进行电商美工设计时，文字排版一定要整齐美观、主次分明，做到图文的完美结合，让产品信息传达最大化。

设计理念：这是一款女士包包店铺的产品详情页设计展示效果。将产品以倾斜的角度摆放在右侧，在浅色背景的衬托下十分醒目。超出画面的设计，具有很强的视觉延展性。

色彩点评：浅色背景与包包颜色形成对比，凸显产品，而且也让消费者的视觉得到一定程度的缓冲。

❶产品左侧的黑色品牌文字，以较大的字号进行呈现，既对品牌进行了宣传与推广，同时与其他文字相区别，使人印象深刻。

❷在同一版面的黑色赠送礼物挂饰与文字，虽然简单，但排版整齐统一，使人一目了然。

RGB=226,234,236 CMYK=14,6,7,0
RGB=182,188,200 CMYK=33,23,16,0
RGB=103,131,177 CMYK=71,45,17,0

这是一款护肤品的详情页设计展示效果。采用倾斜的构图版式，将产品和文字以不同的角度进行倾斜摆放，达到整体的平衡状态。在中间位置并超出画面的产品，具有活跃动感，给人以视觉延展性。分为三行来呈现的文字，提供了很好的阅读体验，而且主次分明，将信息进行清晰直观的传达。

RGB=234,238,231 CMYK=11,5,11,0
RGB=128,183,141 CMYK=64,8,56,0
RGB=56,65,40 CMYK=80,64,97,44
RGB=209,211,169 CMYK=23,13,40,0

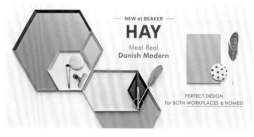

这是一款产品的宣传 Banner 设计展示效果。将产品直接以大图形式进行呈现，给人以直观的视觉印象。主次分明的文字，既具有很好的宣传作用，同时丰富画面的细节效果。

RGB=242,238,226 CMYK=6,7,13,0
RGB=125,180,190 CMYK=64,13,28,0
RGB=238,219,202 CMYK=5,18,20,0
RGB=203,86,90 CMYK=10,80,96,0

适当的留白让产品更加突出

所谓留白，就是在设计中留下一定的空白，当然这不一定必须是白色。留白最主要的作用就是突出主题，集中消费者的注意力。适当的留白还会增加空间感，给消费者营造一个很好的阅读环境，同时也为信息的表达与传递提供了便利。

设计理念：这是一个店铺相关产品的宣传 Banner 设计展示效果。采用中心型的构图方式，将所有产品集中在画面中间位置，左右两侧较大面积的留白，营造了很好的阅读体验空间。

色彩点评：整体以橙色为主色调，在不同明纯度的渐变过渡中给人以视觉缓冲。产品颜色在与其的对比中，凸显出来。

🔘 以不同角度进行倾斜摆放的产品，给人以随意但不失时尚的独特美感。在各种展示平台的衬托下，给人以很强的空间立体感。

🔘 在产品中间主次分明的文字，将信息进行直接的传达，同时倒计时的设计十分醒目。整体设计具有很强的宣传与推广效果。

■ RGB=194,77,50 CMYK=15,83,85,0
■ RGB=219,149,101 CMYK=6,52,61,0
□ RGB=255,255,255 CMYK=0,0,0,0

这是一个店铺相关产品的 Banner 设计展示效果。采用左右分割的构图方式，将产品以不同的倾斜角度摆放在右侧位置，在适当投影的衬托下，具有很强的空间立体感。左侧少量的文字，在周围留白的烘托下十分醒目；而且主次分明，对店铺以及品牌具有积极的宣传与推广作用。

■ RGB=205,205,194 CMYK=23,17,24,0
■ RGB=0,0,0 CMYK=93,88,89,80

这是一款化妆品的宣传 Banner 设计展示效果。采用左右分割的构图方式，将内容完美呈现。产品和文字之间有较大面积的留白，为消费者浏览阅读提供了很好的空间。并排摆放的产品，在高低起伏之间给人以直观的视觉感受。

■ RGB=224,228,232 CMYK=15,9,7,0
■ RGB=42,67,118 CMYK=98,84,35,2

7.15 利用几何图形增加视觉聚拢感

人们观看东西时，总有一个视觉重心点，这样可以集中视觉注意力。在对电商美工进行设计时，我们可以根据这一特性，利用封闭的几何图形，将品牌文字、图案或者其他形象，限定在几何图形内部，增加受众的视觉聚拢感。

设计理念：这是一个店铺产品促销的文字设计效果。以冬天破冰的画面作为展示主图，具有很强的视觉动感。将文字直接摆放在中间位置，给消费者以直观的视觉印象。

色彩点评：整体以蓝色为主色调，浅蓝色的背景，一方面与深蓝色形成同色系的鲜明对比，凸显产品；另一方面在白色雪花的作用下，给人以理智、冷静的感受。

❶以不规则的破冰裂痕作为文字展示的载体，极具创意与趣味性。同时在颜色的对比中，凸显文字，极具宣传与推广效果。

❷左下角的红色吊牌打折文字，在画面中十分抢眼，将信息进行直接的传达。

RGB=198,219,243 CMYK=30,8,2,0

RGB=15,53,97 CMYK=100,90,45,8

RGB=191,0,36 CMYK=15,99,93,0

这是一个鞋子店铺相关宣传的详情页设计效果。把产品在一个正圆形内进行展示，在两种颜色的鲜明对比中，将产品原貌以及细节直观地呈现在消费者眼前，使其一目了然。拼接式的背景，打破了单调与乏味，具有较强的活跃动感气息。顶部主次分明的文字，对产品进行了解释与说明。

RGB=251,241,233 CMYK=0,9,9,0

RGB=54,87,82 CMYK=89,58,68,20

RGB=0,0,0 CMYK=93,88,89,80

这是一款服饰的详情页设计效果。以模特实拍图像作为展示主图，给消费者以清晰直观的视觉印象。特别是模特后方白色描边矩形外框的添加，将消费者的注意力全部集中于此；同时与前方文字颜色相呼应，具有整体的和谐统一感。

RGB=114,63,32 CMYK=52,81,100,23

RGB=255,255,255 CMYK=0,0,0,0